服装设计效果图
手绘技法

◀ FASHION ILLUSTRATION ▶

彩铅、马克笔、水彩手绘技法全解析

朱丹妮　编著

机械工业出版社

CHINA MACHINE PRESS

本书从服装设计及效果图手绘的基础入手，介绍了服装设计的整个流程，人体比例及结构，人物妆容和发型，常用的人物动态，服装的廓形，以及服装各部位与人体的关系等。重点讲解了使用彩铅、马克笔和水彩这三种最常用的手绘工具绘制服装设计效果图的基本技法。以详细的步骤讲解和丰富的案例展示了运用彩铅表现各种面料质感的方法，用马克笔表现不同风格时装的技巧，用水彩表现多变的时装款式的要点等。无论是刚开始学习服装设计的学生，还是服装画爱好者，都能通过本书熟练掌握服装设计效果图手绘的技法。

图书在版编目（CIP）数据

服装设计效果图手绘技法 / 朱丹妮编著. — 北京：机械工业出版社，2022.4（2024.7重印）
（艺领时尚书系）
ISBN 978-7-111-70124-8

Ⅰ.①服… Ⅱ.①朱… Ⅲ.①服装设计 – 绘画技法 – 教材 Ⅳ.①TS941.28

中国版本图书馆CIP数据核字（2022）第017689号

机械工业出版社（北京市百万庄大街22号 邮政编码100037）
策划编辑：马倩雯　　　　　　责任编辑：马 晋 马倩雯
责任校对：李 杉 贾立萍　　　责任印制：常天培
北京宝隆世纪印刷有限公司印刷

2024年7月第1版·第2次印刷
210mm×285mm·13印张·3插页·170千字
标准书号：ISBN 978-7-111-70124-8
定价：98.00元

电话服务　　　　　　　　　　网络服务
客服电话：010-88361066　　机 工 官 网：www.cmpbook.com
　　　　　010-88379833　　机 工 官 博：weibo.com/cmp1952
　　　　　010-68326294　　金 书 网：www.golden-book.com
封底无防伪标均为盗版　　机工教育服务网：www.cmpedu.com

前 言

"画时装画时,我很少考虑确定具体的作画步骤。即使提前预想到作品完成的效果,也在创作过程中被经常发生的意外情况击得粉碎。"

——矢岛功(日本时装画大师)

同时代的日本服装设计师山本耀司对矢岛功有这样的评论:

"矢岛功是个大师,是个不受古典时装画迷惑,勇往直前的大师。他用他那像风一样锐利的指尖与传统一刀了断。"

这些名人语录常常会被误读,好像那些时装画家们创作时根本不需要步骤,都是颠覆传统、无所顾忌、特立独行的人。其实像矢岛功、大卫·唐顿(David Downton)、乔治·巴比尔(George Barbier)、雷内·格吕奥(René Gruau)等这些知名时装画大师,更注意理性步骤和传统素质。他们画中的每个细节,每条看似行云流水的线条,每一笔痛快淋漓的色彩都渗透着无尽的理性、扎实的基本功和深厚的传统积淀。我们都沉浸在了他们潇洒飘逸的笔法和天马行空的意境之中,但不能只是过过眼瘾就了事。如果我们能够细致观赏每幅作品的话,会发现他们作品中的每个细节对"服装语言"的表达都精准无误。我们在矢岛功的作品中,不仅能够解读每个细节,"服装符号"构建的规律、规则,还能清晰地看到他对服装工艺的准确表达,这也是一个时装画家和美术家的根本区别。

服装设计效果图(时装画)在众多的艺术门类中属于一种特有的艺术形式,它是伴随着服装文化的发展而逐渐成熟的。从实际应用的角度出发,它是作用于服装设计环节前期阶段的效果表达,以模特穿着展示服装的画面呈现设计构思。画面中模特的比例、动态、身姿都是为了更好地展示服装及配饰。从生活的角度出发,服装设计效果图可以展示当下的流行趋势,以及呈现和记录社会不同时期的着装风尚。从艺术的角度出发,服装设计效果图可以借鉴和应用多样的绘画表现手法,如工笔白描的线条、水彩的晕染、装饰画的结构、彩铅色粉的叠色等。这些艺术手法为服装设计效果图提供了无限的可能和空间,丰富了服装设计效果图的形式美感以及艺术观赏性。而从商业应用的角度出发,服装设计效果图是体现服装设计师设计思维的直接语言,在成衣制作流程的初期,它是设计师呈现作品的最佳手段。

目　录

前　言

CHAPTER

第一章

服装设计效果图入门

服装设计与效果图　002

服装设计与效果图的关联　002

服装设计效果图手绘的特点　003

服装款式图概念　003

服装设计效果图常用工具种类及特点　004

彩铅工具及基本技法　004

马克笔工具及基本技法　006

水彩工具及基本技法　008

服装设计效果图的人体表现　011

人体比例　011

人体结构　012

服装设计效果图人物常用动态　026

服装设计效果图妆容与发型　036

服装结构与人体的关系　041

服装款式图的绘制与表现　041

服装各部位与人体的关系　043

褶皱的表现　049

CHAPTER 2
第二章

彩铅表现各种面料质感

01 薄纱表现步骤详解   052
薄纱范例   057

02 绸缎表现步骤详解   059
绸缎范例   063

03 印花表现步骤详解   065
印花范例   070

04 格纹表现步骤详解   072
格纹范例   077

05 毛呢表现步骤详解   079
毛呢范例   084

06 针织表现步骤详解   086
针织范例   089

07 牛仔表现步骤详解   091
牛仔范例   096

08 皮革表现步骤详解   098
皮革范例   103

09 皮草表现步骤详解   105
皮草范例   110

10 PVC 表现步骤详解   112
PVC 范例   117

CHAPTER
第三章

马克笔表现不同风格服装

01 都市白领风表现步骤详解   120
都市白领风范例   124

02 社交名媛风表现步骤详解   126
社交名媛风范例   130

03 复古优雅风表现步骤详解   132
复古优雅风范例   136

04 多元民族风表现步骤详解   138
多元民族风范例   142

05 立体剪裁风表现步骤详解   144
立体剪裁风范例   149

CHAPTER

第四章

水彩表现多种时装款式

01 连衣裙表现步骤详解 152
　　连衣裙范例 155

02 半身裙表现步骤详解 157
　　半身裙范例 161

03 礼服表现步骤详解 163
　　礼服范例 167

04 西装表现步骤详解 170
　　西装范例 175

05 夹克表现步骤详解 178
　　夹克范例 183

06 外套表现步骤详解 185
　　外套范例 189

07 裤装表现步骤详解 191
　　裤装范例 197

附 录

服装设计效果图手绘临摹范例 199

第一章

服装设计
效果图入门

服装设计与效果图

服装设计与效果图的关联

时装画（服装设计效果图）是以服装设计为载体的艺术表现形式，它借助于服装的造型来体现人们多种多样的审美感受。时装画具备双重定义：一方面属于实用艺术范畴；另一方面时装画以绘画为媒介得以展示服装视觉美感，具有视觉艺术价值。

服装设计的步骤可分为七个阶段：

- **第一阶段是确定选题寻找灵感源。** 灵感本身是人们思维过程中意识飞跃的心理现象，一种新的思路突然打开。简而言之，灵感就是人们大脑中产生的新想法，是创造性思维的结果。而灵感源即设计作品的灵感来源，我们可以将收集到的灵感图片或材料粘贴在草稿本（Sketch book）上，从确认一个兴趣研究方向开始延伸展开，不断地探索找到相关的细节和设计点。而灵感源就是设计的开端，将所有迸发的创造性思维记录和展示出来，展现给需要了解你设计作品的人或者平台。

- **第二阶段是调研和收集流行信息。** 现在我们处于网络极度发达的时代，手边的移动设备、电脑都可以随时成为我们的调研工具。点开各大时尚购物网站或是时尚穿搭分享平台，我们都可以很迅速地阅览到大量的时尚讯息，可以从中找寻流行趋势。

- **第三阶段是头脑风暴与绘制大量的服装设计草图。** 在思维打开之后，我们需要将灵感和调研的结果相结合，最终以服装设计图的形式呈现在纸面上。而服装设计图的起始正是绘制大量的草图，草图是简洁的线条组成的设计稿，不需要完整地绘制人物，只需表达出服装设计的重点，款式造型的大致效果即可。

- **第四阶段是整合定稿。** 在大量的图稿中筛选出最终稿并进行整合，用绘画的方式呈现出所有设计细节，形成服装效果图以及款式图。

- **第五阶段是服装制版。** 服装制版即根据服装效果图及款式图绘制出相应的制版纸样。虽然服装的款式琳琅满目，变化多样，但是服装的制版都有一定的规律，各类款式都是由基础版原型转化而来。目前国内常用的有日本文化原型、北京服装学院原型、东华大学服装原型、南派服装原型、蒋氏服装原型、红帮裁缝原型、真比例原型等。各类原型虽然构图法不同，实际操作效果却殊途同归。

- **第六阶段是样衣制作。** 样衣制作是开发工作的重要环节，样衣设计细节的呈现和质量的好坏直接影响成衣最终展现效果。制作样衣也是设计制版工作的总结。在这一阶段挑选合适的面料以及多次调整服装的细节是非常重要的。

- **第七阶段是进行成品制作以及流水线生产。** 通常这一部分就是设计师与服装工厂的配合阶段，此阶段中包含以下几点。

  1. 在生产前准备好对接工厂所需文件：工业套版、服装排料图、定额用料、制衣规程等。

  2. 在生产前，向工厂讲解设计细节，进行图样的探讨，并展示样衣。

  3. 在生产过程中，跟单人员需按图样要求核对生产实况。

  4. 根据生产进展情况，进行现场配合与指导。

  5. 根据生产实际情况，可以对图样提出局部修改或补充要求。

6. 生产结束时，会同工厂质检部门和合同方进行成品验收。

在整个服装设计环节当中，服装设计效果图需要用简洁、明朗的艺术语言将设计思路表达在纸面或者数字绘画中。服装设计效果图的艺术表现形式不仅仅受限于服装造型，构成它的元素可以是多种多样的，比如款式、色彩、版型、布料质地、搭配饰品、模特呈现效果等。

服装设计效果图手绘的特点

服装设计效果图应具备两个特点，一是巧妙运用具有美感的设想和构思，二是展现熟练的绘画表现技能。服装设计效果图并非传统意义上的纯艺术，但却具有特殊的艺术魅力。具有美感的服装设计效果图是整体和谐、干净、精致且具有一定视觉冲击力的。它本身与插画有一定的相似性，是融合了艺术审美和绘画技法的作品，是形态、质感、美感、色彩、比例、空间、光影效果的综合表现。

服装设计效果图也在一定程度上代表了设计师的工作态度、美学思考以及对设计的自信力。

服装设计效果图从商业角度出发，可以为客户展现精准的设计意图和流行趋势信息，为服装广告和成品展示传播信息。

服装款式图概念

服装款式图是着重以平面图形特征表现的，展现细节的设计图。它与服装设计效果图共同表达服装的款式。服装设计效果图是呈现立体的穿着效果，而服装款式图是将服装款式以及工艺细节用严谨的线条画成平面的图形，它在服装设计效果图和服装制版之间起到承上启下的作用。它将服装设计效果图呈现的服装款式、轮廓造型以及较难呈现的工艺细节都完整地用线条表达出来，便于制版时明确款式和细节。

服装设计效果图常用工具种类及特点

彩铅工具及基本技法

彩铅主要分为两种：水溶彩铅和油性彩铅。

水溶彩铅通过水来调和，可以在水彩纸或水溶彩铅专用纸上使用。水溶彩铅上色后用笔刷蘸水均匀涂抹，彩铅的细小颗粒就会融化，形成水彩晕染和渐变的效果。溶解后就看不到彩铅的线条笔触了，可以根据调节水量的多少来表现颜色的深浅变化。但当我们单独使用水溶彩铅而不蘸水调和时，就和油性彩铅画出的画面效果基本一致。水溶彩铅颜色鲜艳、容易上色、透明度低。

油性彩铅不能溶于水，效果类似于油画棒，但相比油画棒质感细腻很多。颜色相较水溶彩铅淡一些，易于叠色、透明度高、方便擦拭。油性彩铅适合绘制写实风格的彩铅画。但是对于一些非常精致的细节不能很完美地呈现，笔芯较软，笔头削尖后容易断，叠加层次过多时易反光打滑。

因而从材质上来讲，我们画服装设计效果图时通常会使用水溶彩铅，因为服装设计效果图的人物瘦长，头部面部较小，需要刻画精巧的细节。

彩铅工具图示

彩铅的基本表现技法

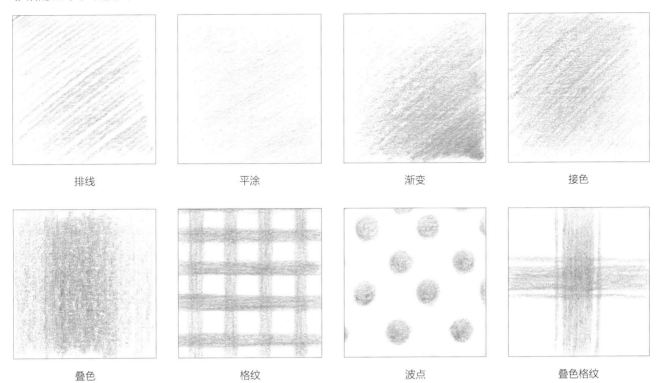

排线　　　　　　平涂　　　　　　渐变　　　　　　接色

叠色　　　　　　格纹　　　　　　波点　　　　　　叠色格纹

彩铅表现技法案例

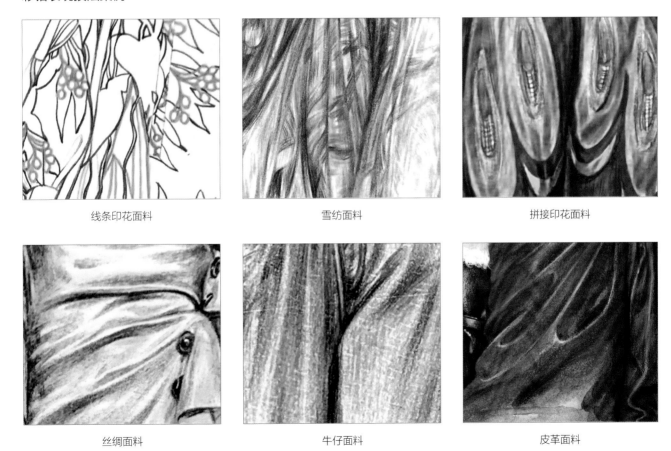

线条印花面料　　　　　　雪纺面料　　　　　　拼接印花面料

丝绸面料　　　　　　牛仔面料　　　　　　皮革面料

马克笔工具及基本技法

马克笔是一种书写或绘画专用的彩色笔，本身笔管内含有海绵墨水芯。马克笔通常是双笔头的形式，分硬笔头和软笔头两种。

马克笔的墨水具有易挥发性，用于一次性快速绘图，常使用于设计物品、广告标语、海报绘制或其他美术创作等场合。

马克笔工具图示

马克笔可绘制出笔触变化不大的和较粗的线条。箱头笔为马克笔的一种。

按照墨水来区分马克笔：

● 油性马克笔

油性马克笔快干、耐水，而且耐光性相当好，颜色多次叠加不会伤纸，比较柔和。

● 酒精性马克笔

1）酒精性马克笔可在任何光滑表面书写，速干、防水、环保，可用于绘图、书写、记号、POP 广告等。

2）主要的成分是染料、变性酒精、树脂，墨水具挥发性，应于通风良好处使用，使用完需要盖紧笔帽，要远离火源并防止日晒。

● 水性马克笔

水性马克笔颜色亮丽，有透明感，但多次叠加后颜色会变灰，而且容易损伤纸面。如果用蘸水的笔在水性马克笔作品上面涂抹的话，呈现效果跟水彩很类似，有些水性马克笔绘制的作品干掉之后会耐水。所以选马克笔时，一定要知道马克笔的属性跟画出来的样子才行。马克笔在画材店就可以买到，而且只要打开盖子就可以画，不限纸材，各种物品上都可以上色。

画服装设计效果图时我们通常使用酒精性马克笔，建议购买软硬头兼备的马克笔。软头多用于刻画细节、面部以及画飘逸柔和的线条。硬头常用于绘制利落潇洒的线条以及表达硬挺的材质。

马克笔的基本表现技法

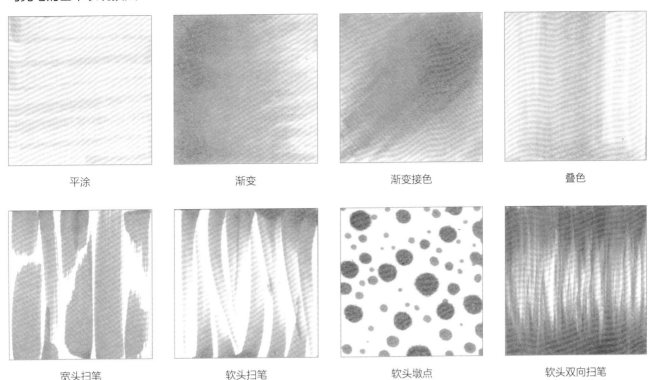

平涂 渐变 渐变接色 叠色

宽头扫笔 软头扫笔 软头墩点 软头双向扫笔

马克笔表现技法案例

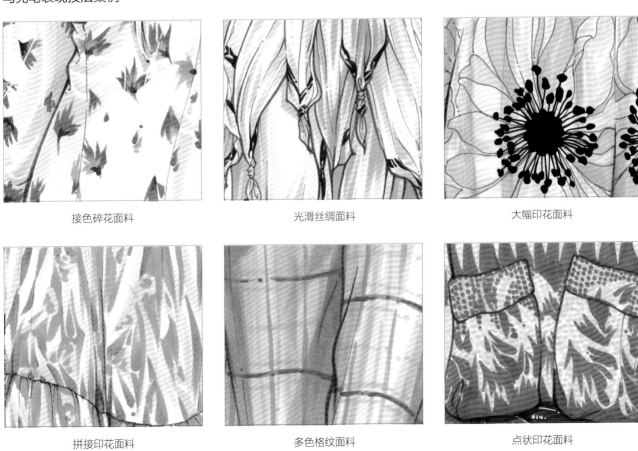

接色碎花面料 光滑丝绸面料 大幅印花面料

拼接印花面料 多色格纹面料 点状印花面料

水彩工具及基本技法

水彩颜料主要分为管状水彩、固体水彩、水彩墨水和水彩棒。

● **管状水彩**

呈湿润的膏体状态，可在使用前分装进水彩颜料保湿盒，或是直接拧开盖子挤适量颜料在调色盘中，用笔刷蘸水进行调和稀释使用。管状水彩颜色鲜艳，色素含量通常较高，有部分品牌的管状水彩需要配合牛胆汁调和使用，牛胆汁可增加水彩晕染的扩散力。

● **固体水彩**

呈现小块立方体的状态，通常放置在亚克力或塑料的小格子中。使用时需要用笔刷蘸取清水后再蘸取固体颜料，使表层颜料融化，后附着进笔肚，而后在调色盘中进行颜色调和。固体水彩同样颜色鲜艳，透明度较高，不需要额外使用牛胆汁。相较其他种类的水彩颜料，固体水彩具备极佳的便携性。

● **水彩墨水**

多种水彩颜料中最具透明度的，呈现液体状态，通常包装与墨水瓶相似。流动性强、扩散力较好，适合渲染背景。

● **水彩棒**

与固体水彩使用差异不大，外形类似油画棒的形状。

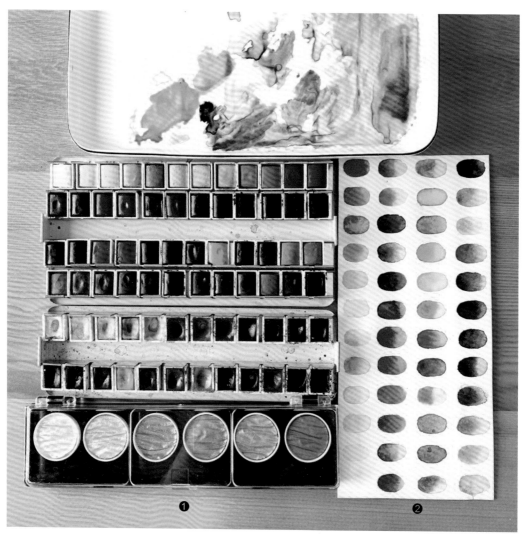

❶ 固体水彩 ❷ 试色卡图示

管状水彩图示

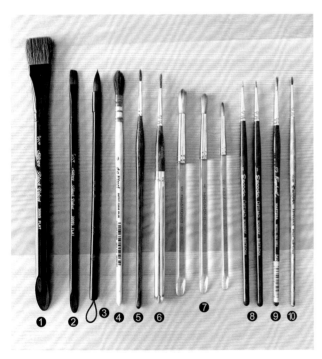

水彩画笔图示

水彩纸图示

由左至右依次为：❶ 黑天鹅平锋 3/4 号笔 ❷ 黑天鹅平锋 1/4 号笔 ❸ 秋宏斋 染系列小小号黑木杆笔 ❹ 达·芬奇圆头古典水彩毛笔 ❺ 温莎牛顿勾线笔 ❻ 西班牙笔皇便携小号笔 ❼ 华虹 5 号、4 号、2 号笔（三支）❽ 西班牙笔皇 1 号勾线笔 ❾ 拉斐尔勾线笔 ❿ 西班牙笔皇 0 号勾线笔

❶ 四面封胶 300g 棉浆纸水彩本 ❷ 裁纸柳叶刀

水彩的基本表现技法

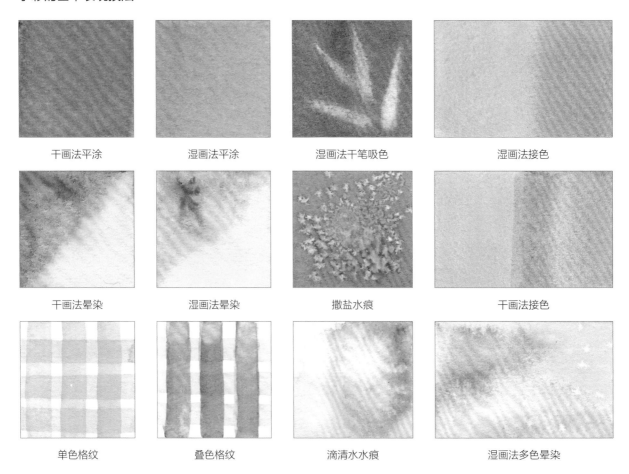

干画法平涂	湿画法平涂	湿画法干笔吸色	湿画法接色
干画法晕染	湿画法晕染	撒盐水痕	干画法接色
单色格纹	叠色格纹	滴清水水痕	湿画法多色晕染

水彩表现技法案例

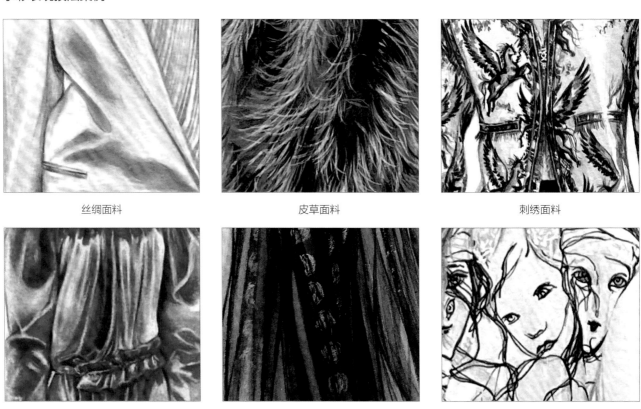

| 丝绸面料 | 皮草面料 | 刺绣面料 |
| 丝绒面料 | 薄纱面料 | 印花面料 |

服装设计效果图的人体表现

人体比例

　　在完整的服装设计效果图中，时髦的服装款式与优美自然的模特形态都非常重要，而服装更需要人体模型的支撑。所以在服装设计效果图学习过程的开端，我们要掌握绘制多样化的模特动态造型，为完整的效果图打好扎实的人体线稿基础。

　　头身指的是身高除以头长得出的比例数据，现实中大多数人体的比例是7~8头身，而服装设计效果图的模特比例通常是8.5~9头身，因为我们营造的是理想比例的时尚造型。服装设计效果图中，时尚人体模型是支撑各种服装款式表现的基本要素，可以说基础的人体模型是服装设计效果图的"大厦地基"，只有"地基"打好了，"大厦"才能建造得严丝合缝。

　　在本书中我们大量的效果图是以九头身模特呈现的，从基础的静态站姿开始入门学习。当掌握了静态站姿后，可以逐渐调整成流畅灵动的T台模特走姿，以及多种多样的动态造型。

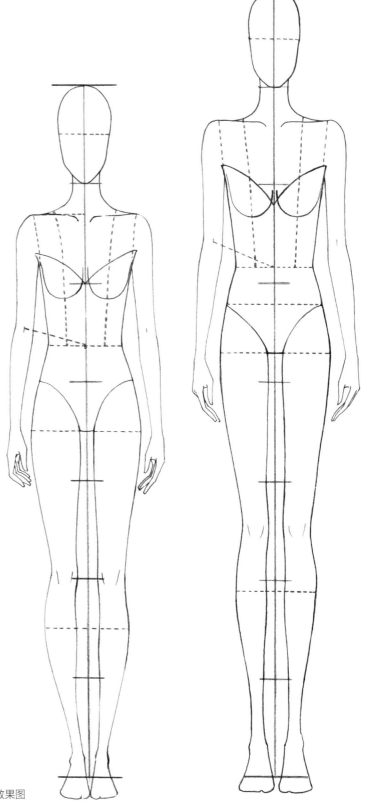

7头身（左）和8头身（右）线稿效果图

头身即一个头长，是指头顶至下巴的长度。全身的长度是用头身比例来表示的，也就是身高除以头长得出的数字。通常正常人体比例是7~8头身，中间值7头身的较多。T台模特的头身比例相对普通人要更优越，通常模特的头部较小，肩部较宽，能达到8.5头身甚至少数是9头身的比例。

在服装设计效果图的绘制中我们通常采用8.5或9头身比例，少部分人会绘制7.5~8头身的写实风格效果图，以及早年较为流行的10~11头身夸张比例的服装设计效果图。

为了教学规范，本书中的步骤示范统一采用9头身比例的人物模型进行绘制。

人体结构

人物面部是多种多样的，每个人都具有自己的特别之处。而五官及躯体结构是有基础规律可循的，我们需要先掌握人体结构的基本规律，而后在效果图的创作之中依据结构基础塑造多样化的面部。

人类头颅的结构如图所示，美术中对人类面部总结出"三庭五眼"的标准美学规律。三庭：指脸的长度比例，把脸的长度分为三个等分，从前额发际线至眉骨，从眉骨至鼻底，从鼻底至下颌，各占脸长的1/3。五眼：指脸的宽度比例，以眼形长度为单位，把脸的宽度分成五个等分，从左侧发际至右侧发际为五只眼形。三庭五眼的标准并非能套用于所有模特，但是很适合默写绘画标准面部，因此我们可以以三庭五眼为基础范围。而在偏写实风格的服装设计效果图绘制中，还要捕捉更多的模特面部特征完成绘制。

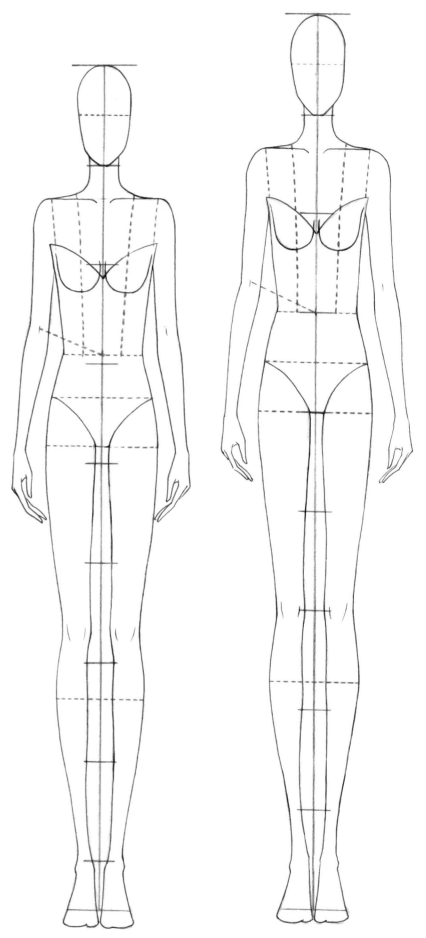

8.5头身（左）和9头身（右）效果图

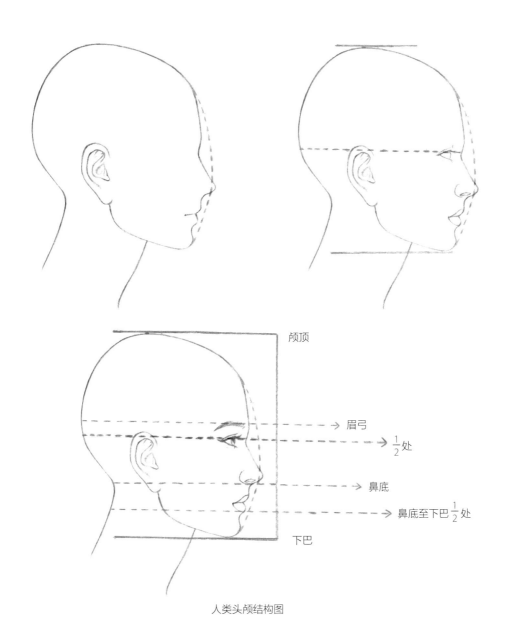

颅顶

眉弓

$\frac{1}{2}$ 处

鼻底

鼻底至下巴 $\frac{1}{2}$ 处

下巴

人类头颅结构图

绘制 3/4 侧头部

使用自动铅笔 + 橘色铅芯起型（橘色铅芯不易蹭脏画面，也容易融合于后续的皮肤上色步骤），先确定一个头顶至下巴的长度，这里是 8cm。然后画出头颅的外轮廓弧线，后脑勺区域呈现半圆形，3/4 侧用缓和的长弧线起型。确定发际线的高度后，取发际线至下巴的 1/2 左右高度画线确定眼睛的水平线位置。眼睛向上确认眉毛高度，发际线至眉、眉至鼻底、鼻底至下巴三段呈现三等分。侧面眉峰处向外微微凸起，眼睛的部位向内凹，最终眉骨与颧骨中间的凹槽形成眼窝。双眼之间间距为一个眼裂长度，唇缝线位置定在鼻底至下巴的 1/2 处。五官之间使用较浅的辅助线衡量位置关系，帮助调整五官的比例。

step 02

调整好五官位置后开始确认五官的具体结构，描绘细节。眉的眉峰向上挑起，眉峰最高处位于眉毛的后1/3 段，眉头较粗，眉尾自然收细。3/4 侧的鼻梁需要将山根与较远一侧的眉进行淡淡的连接，表现鼻梁的转折。远处的眼睛稍稍短于近处的眼睛，近大远小的透视关系在这里要有微小的体现。

使用肤色彩铅将面部的阴影区域绘制出来，此过程需要观察面部的结构转折。加深颧骨下方阴影，塑造面颊的立体感。加深眉毛和眼眶中间的眼窝区域，眼皮中段留白高光，表现眼睛的立体结构。鼻翼和山根需要加重，鼻头加重小圈，留出圆形的高光区，使鼻头部分呈现受光面效果。给远处一侧的面颊轻轻铺一层阴影底色，拉开空间感。下巴连接耳朵处画出厚度线，与下巴边缘留出一条反光区，表现下巴的厚度与脖子的转折。

step 03

step 04

使用蓝色彩铅绘制眼珠，上色时一圈不要完全涂满，右下方留出一点浅色过渡，瞳孔使用黑色彩铅勾出圆圈，中心留出高光白点。再使用橘红色彩铅画出眼影的效果，排线细密一些，围绕眼窝一圈绘制，边缘自然过渡。

step 05

使用棕红色彩铅加深五官和轮廓阴影以及鼻孔区域,加深脖子下颌的投影。再用棕色彩铅削尖笔头顺着眉毛生长方向绘制眉毛的细节,眉头部分毛发倾向于纵向,然后逐渐向外侧延伸倾倒,到眉弓处变换为横向毛发。绘制完眉后使用黑色彩铅画出眼线睫毛,睫毛上下皆呈现放射状。最后使用玫瑰粉色彩铅绘制唇部,上唇哑光处理,下唇加重上下边的颜色,中间留出适当高光。

step 06

绘制完脸部后使用土黄色及赭石色彩铅绘制头发底色,贴合柔顺的长直发需要从发缝线起始,画出包裹头颅形状的弧线和垂落的长直线。为了塑造头发的光感顺滑效果,头顶右侧适当留白,留白的走向与发丝走向呈现基本垂直。

step 07

在第一层头发底色的基础上开始绘制第二层发色,使用深棕色绘制靠近发髻部分的头发,围绕着头颅的弧线绘制,加强发丝的笔触,留出少量的空隙透出第一层黄色底色,增添层次感。再用赭石色加重后面的披发部分,落在肩部的转折区域,凸起处留白,凹陷处加深,塑造出头发的自然转折。

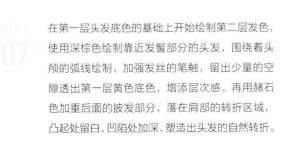

眼睛绘制

眼睛是传达人物情绪的窗口，通过精致的眼部描绘能给人物赋予独特专属的神态。眼睛的形态分很多种，有标准的杏仁眼、细长的凤眼、深邃的欧式眼等。眼珠是随着人物目光投向的方向转动的，会有不同角度的变化，绘制细节时，还需要绘制出上下眼睫毛、瞳孔高光、眼角露出的黏膜等。

step 01　画一个长方形作为起稿定位的框。

step 02　内眼角在框的左下方，外眼角在对角的位置。眼珠处于长方形的中间区域，中间眼珠瞳孔所在的位置上下眼眶距离最大。起稿时下笔稍轻一些，双眼皮前端较窄，褶皱的中段较重，两端逐渐变淡，末端消失在眼尾的内侧区域。

step 03　加深眼眶线条，画出瞳孔部位，瞳孔上两端有反光点留白。

step 04　填涂眼睛虹膜区域，眼眶下方的区域需要加重眼皮的投影。双眼皮的区域也加深颜色，塑造出褶皱的阴影效果。

step 05　最后加深眼眶，绘制出上下眼睫毛，从眼眶根部起笔向外拉伸弧线，末端线条变轻变细收尾。眼睫毛呈现扇形分散。

突起 高光
虹膜
瞳孔

鼻子绘制

　　鼻子是面部的中心部位，也是五官中立体感最强的部位。鼻子的结构看似简单，但是它像是面部其他器官的中心枢纽，如果鼻子的衔接处理不好或是比例失衡，整个面部就会失去精致的塑造效果。

step
01

先绘制一个纵向的长方形，中间 1/2 处画一条中分线便于绘制左右对称的鼻翼。

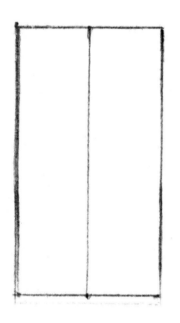

step
02

在长方形的底部中间位置画出鼻中隔，在顶部中线处起始绘制对称的两条斜线至下方两侧，定位出鼻翼的大致高度。从长方形上方两角起始点画弧线，绘制出山根。

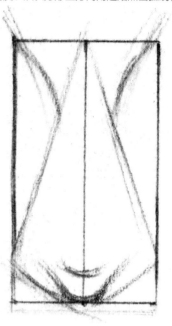

step
03

画出对称的鼻孔，鼻孔连接着鼻中隔区域。鼻翼使用对称的两条弧线绘制，鼻翼在鼻中隔后，稍高于鼻中隔。在鼻中隔上方找出鼻头区域，画一个小圆圈，加重圆圈底部，形成鼻头的转折面。

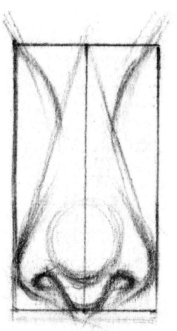

step
04

山根区域向下延伸绘制出一部分鼻梁线条，鼻梁与鼻头之间留白，不要将整个鼻梁都连接处理，否则会太过生硬。鼻头下方连接两翼画出延伸线，表现鼻底的阴影面。

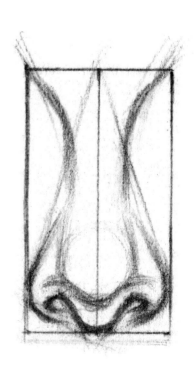

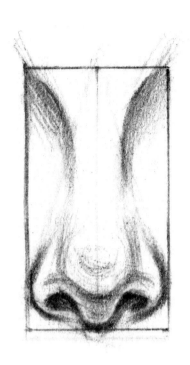

step
05
加重鼻底阴影及山根两侧阴影，鼻头中央轻轻勾画出高光点，在完整的人物面部刻画中，此处最后可以使用高光墨水点亮高光小点。

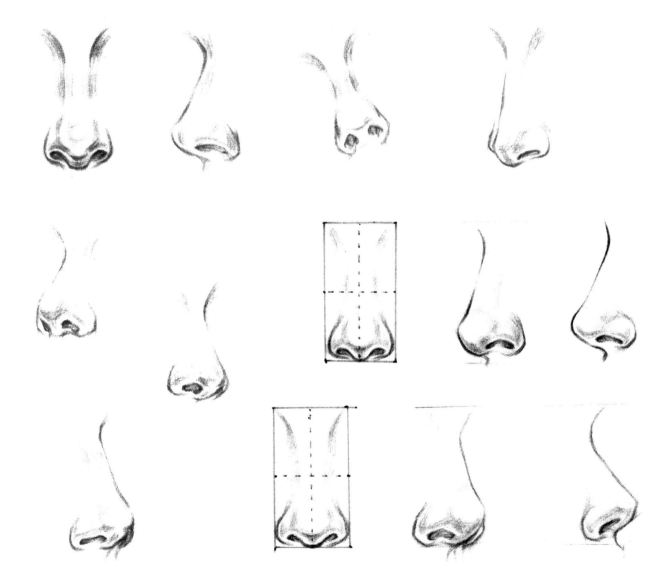

唇部绘制

唇部是五官部位中较为性感的，通常丰盈饱满，线条柔和。绘制中需要注意唇部的宽度及厚度，以及与其他部位的比例关系是否和谐。

step 01 绘制一条横线，中间 1/2 处绘制垂直线作为唇部起型的辅助线。

step 02 在中心部位画出上唇的唇珠，与两侧形成柔缓的 M 形。线条上方绘制出向下凹的弧线作为唇峰，下唇稍宽于上唇，绘制出长弧线作为下唇底部。

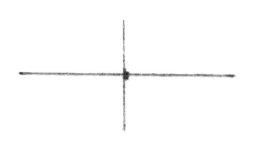

step 03 绘制上下两条辅助线连接唇缝线两端。

step 04 加重唇缝线，将上一步的辅助线绘制成弧线，画出柔和的唇部形态。下唇边缘上方绘制出一段弧线表现下唇的厚度及阴影面转折，在最下方画出反向弧形，表现唇部下方的凹槽。

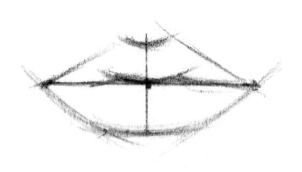

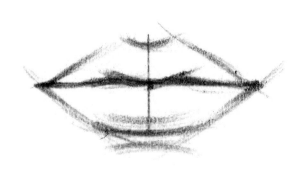

step 05 绘制颜色，塑造出唇部的立体感，唇峰及下唇的中间部位适当留白，塑造唇部反光效果。

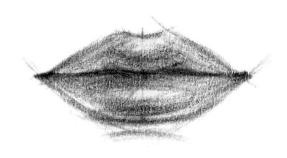

耳朵绘制

耳朵位于脸部的双侧，正面绘制时较小较远，会省略较多细节，当绘制人物侧脸细节时耳朵结构才会较为凸显。

首先绘制出纵向的长方形，作为耳朵的打型辅助框。

画出半封闭的椭圆形表现耳朵轮廓，外侧用圆弧线绘制，到耳垂处收小。

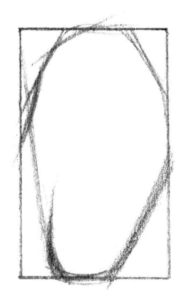

绘制出中间耳廓的结构,像是"大元宝"套着一个"小元宝"形态。用半圈弧线表现出厚度。

加深线条,细化出内部的轮廓结构。

将耳廓的一圈阴影效果画出来。耳垂下缘绘制出表示厚度的转折线。

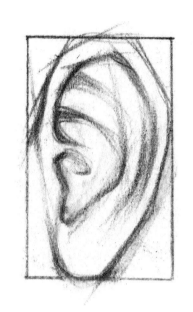
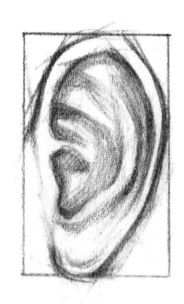

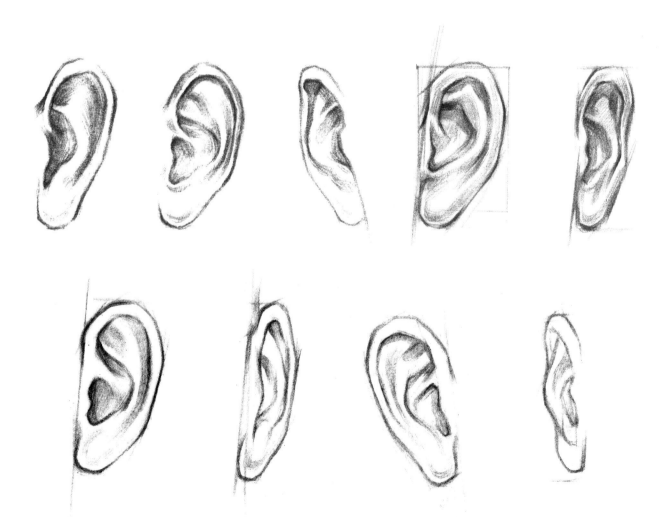

手部绘制

　　手部在全身的画面中占比较小，但是动态又灵活多样，所以绘制起来需要更加精致且比例合宜。手部长度基本接近发际线至下巴的长度（面部长度），单手可以遮住半张脸。手部起型可以分成关节、手掌、手指三部分绘制，连接小臂的关节需要画出精致的凸起。模特手指通常稍长于手掌部分，大拇指在手掌的侧面，连接的位置区别于另四根手指，自然垂下时长度到食指的中间关节处。绘制四根手指时可以分成两节，像是绘制木偶手指一样起型，绘制完手指关节不同的活动状态再连接两节手指。

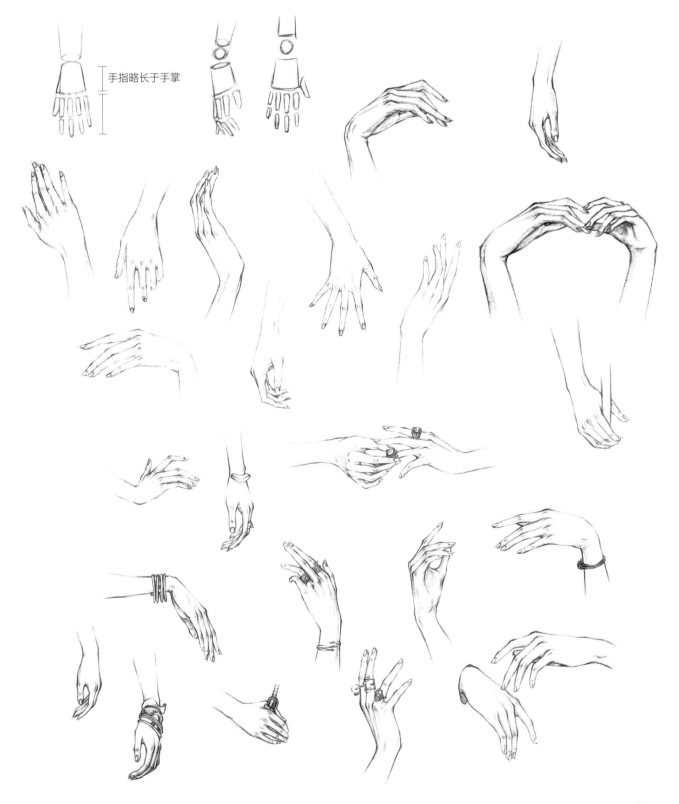

手指略长于手掌

足部绘制

　　相较于手部，足部的动态相对单一，在服装效果图绘制中，通常也是穿着各种鞋子的状态。足部可以分为前脚掌（包括脚趾部分）、脚背、脚后跟及足踝三区块进行绘制。

　　大拇趾粗于其余四趾，脚趾排列整齐，趾缝可以绘制稍长，通常四肢修长的模特脚趾部分也较长。正面的足踝绘制时注意，足踝内侧凸起稍高于外侧凸起，足踝转折需要绘制精巧优雅，连接小腿与足面的转折。

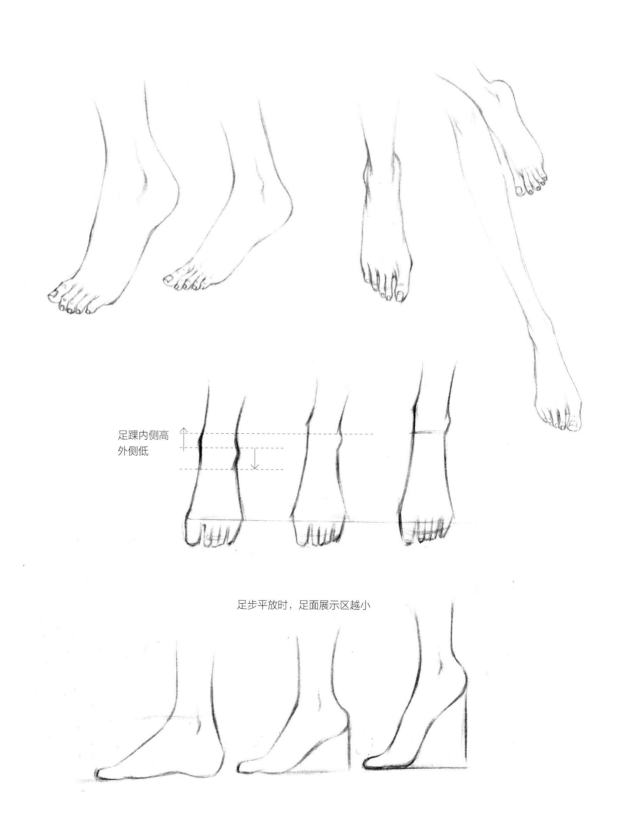

足踝内侧高
外侧低

足步平放时，足面展示区越小

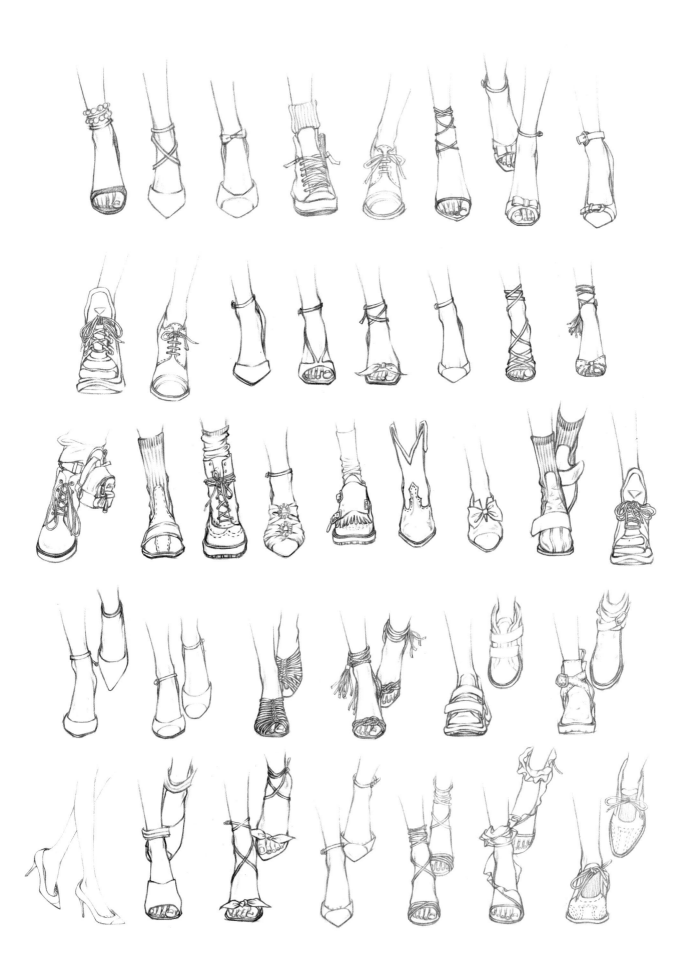

服装设计效果图人物常用动态

　　服装设计效果图是通过人物的走姿或定点动作来展示，表现服装结构及设计要点。若遵循写实的速写素描，则会包含更多的肌肉结构，学习起来有一定困难。服装设计效果图中的人物绘制相对写实的速写会更简洁一些，优化了头身比例且增添了时尚感。

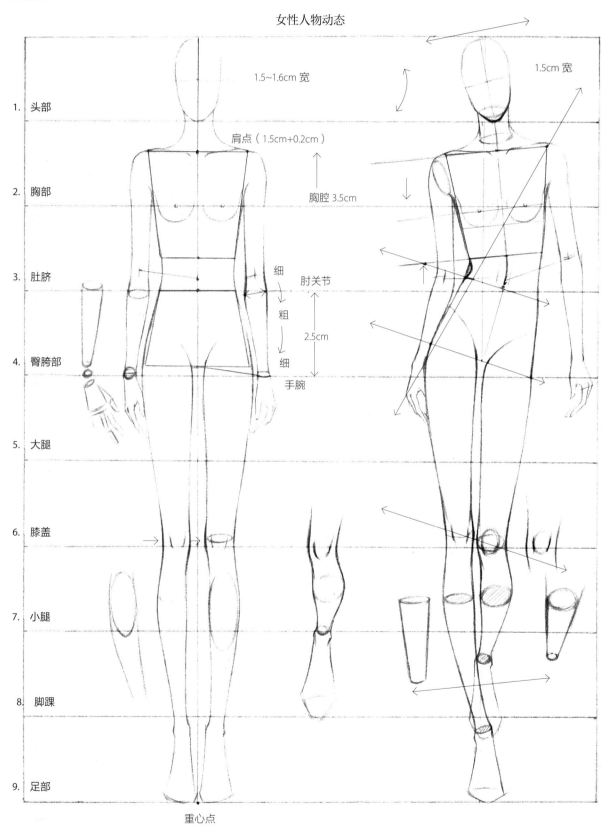

女性人物动态

1. 头部
2. 胸部
3. 肚脐
4. 臀胯部
5. 大腿
6. 膝盖
7. 小腿
8. 脚踝
9. 足部

1.5~1.6cm 宽

1.5cm 宽

肩点（1.5cm+0.2cm）

胸腔 3.5cm

细
粗
细
2.5cm

肘关节

手腕

重心点

基本站姿绘制步骤

① 首先在纸张上使用直尺绘制出 9 等分的格子，1 个格子可以取 3cm（根据使用的纸张大小可以灵活改变）。在适当位置画出一条垂直于格子的纵向长线，作为绘制人物的中心线同时也是重心线。

② 在第 1 层格子中对称地画出一个"鹅蛋形"头部。

③ 画出适当长度的脖子，第 2 头身上段至第 3 头身中下段区域绘制一个倒梯形，概括胸腔结构。倒梯形的长边是两肩点的宽度，此处是两个头宽再加少量松量。梯形短边为一个半头宽长度。

④ 第 4 头身区域是臀胯部分，画一个与上一步骤相反的正梯形，两短边的数据相同，下底代表胯部的线稍长于肩宽。

⑤ 从肩点向外绘制弧形延伸，画出手臂的厚度，然后画出完整的肩膀结构。手臂可以分成两节绘制，小臂最粗部分稍粗于肘关节。需要将胳膊理解成圆柱或圆锥的立体结构来绘制。

⑥ 使用上一章节中讲解的手部知识，绘制出自然垂落的手部。

⑦ 从下半身的正梯形下底中间取一小段，表示模特的裆部，而后分别绘制两腿。

⑧ 第 4 至第 5 头身是大腿部分，膝关节落在第 6 头身的底部。小腿处于第 7 至第 8 头身位置，大小腿的长度基本相同，具体的长度也可根据绘制的模特原型比例进行调整。大腿最粗的部位是腿根处，膝关节细于大腿中间段及小腿腿肚部分。小腿腿肚最粗的部位可以绘制在第 7 头身中上段，小腿的形态修长优雅。

⑨ 最后使用上一章的足部塑造知识进行足部绘制。

基础人物动态绘制

人物走姿与直立站姿的区别主要是躯干部分的扭动,上下正反梯形之间的底边成夹角。当一侧的肩部抬高时,对角的另一侧胯部顶出,扭动至高点。胯部顶出一侧的腿部也正是重心腿,另一侧的腿部呈现向后蹬的姿态。后蹬的腿部膝盖稍低于重心腿膝盖,两腿膝盖的位置连线平行于胯部。自然摆动的手臂,一侧手臂可以向外甩起,另一侧手臂则摆动至身体后侧。

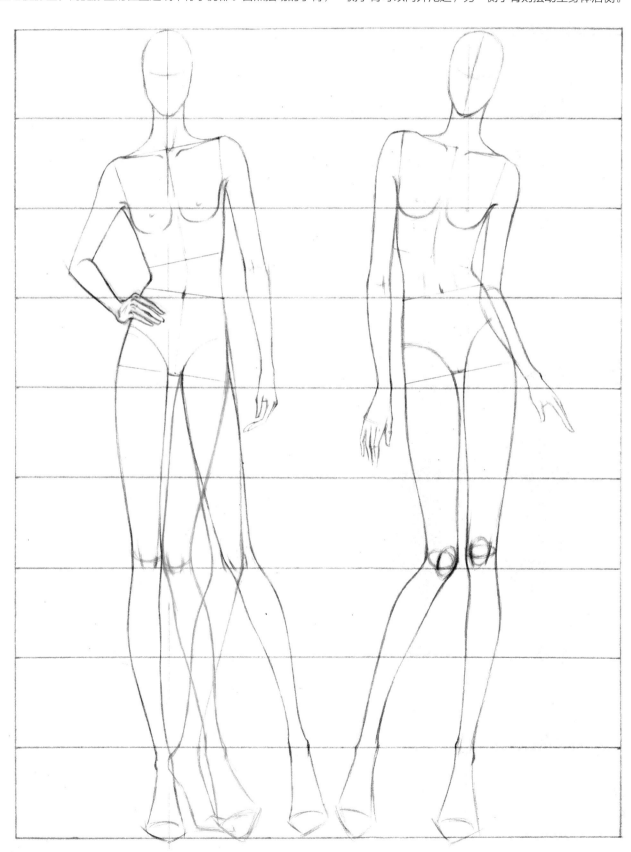

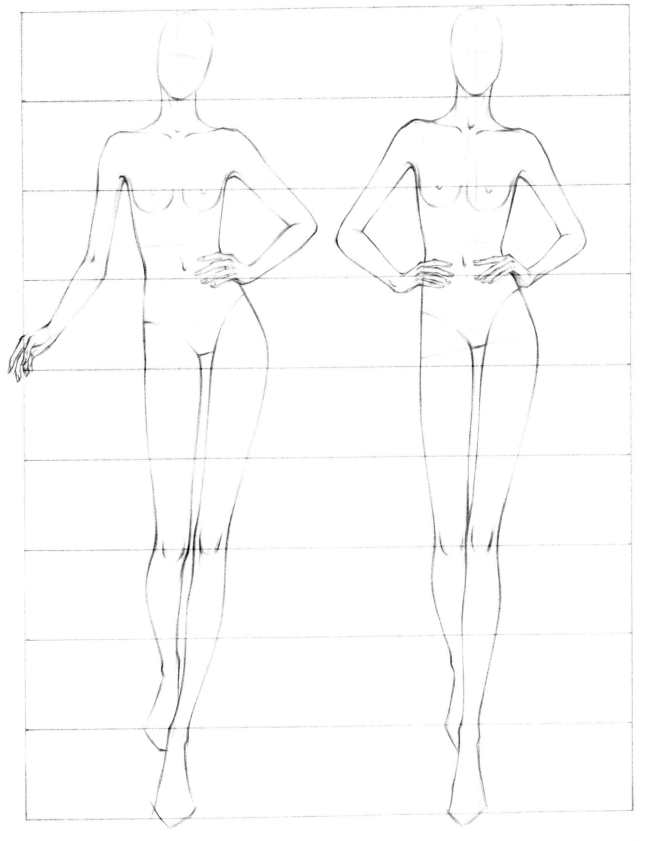

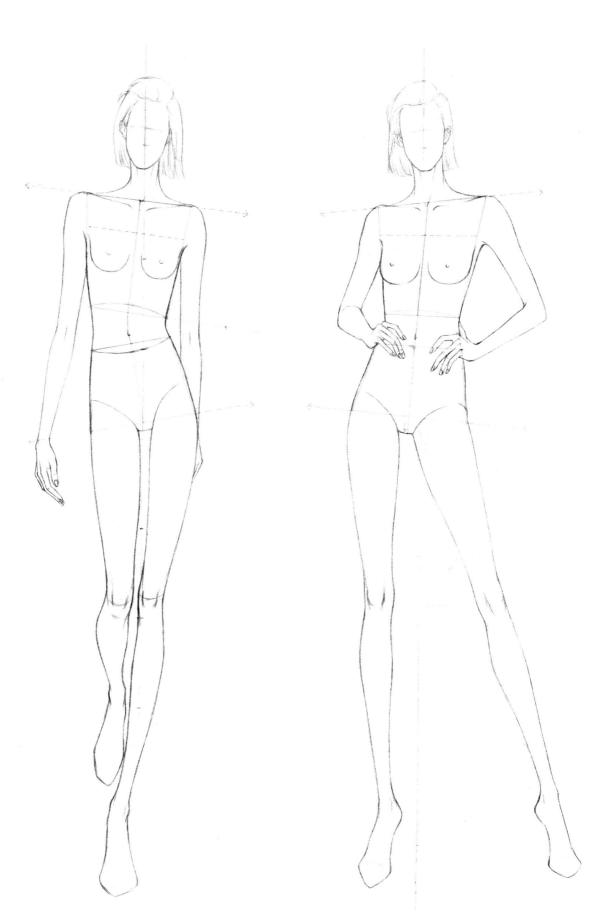

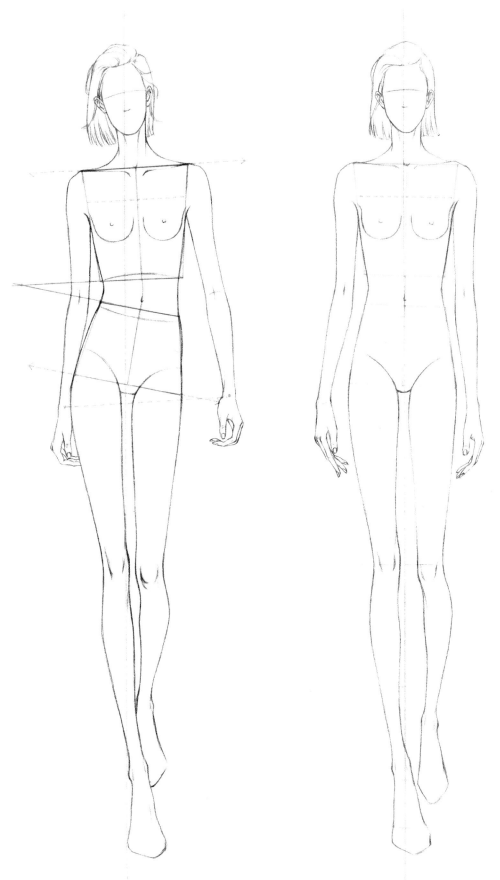

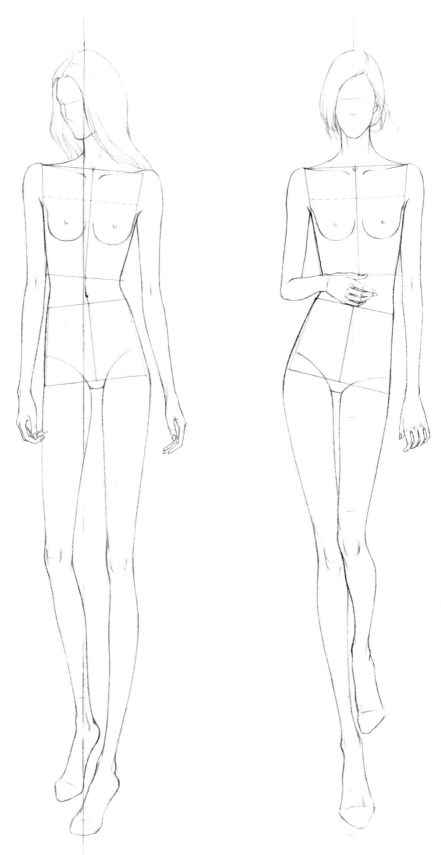

（人体运动的规律和重心，常用的 T 台动态，常用站立动态）

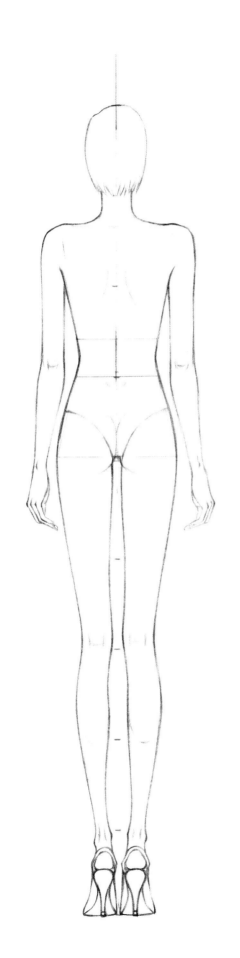
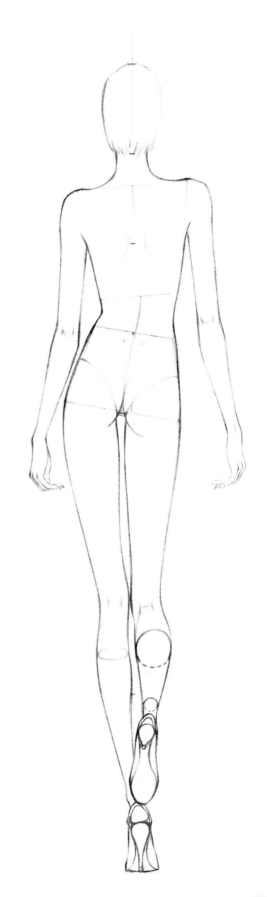

男性人物动态

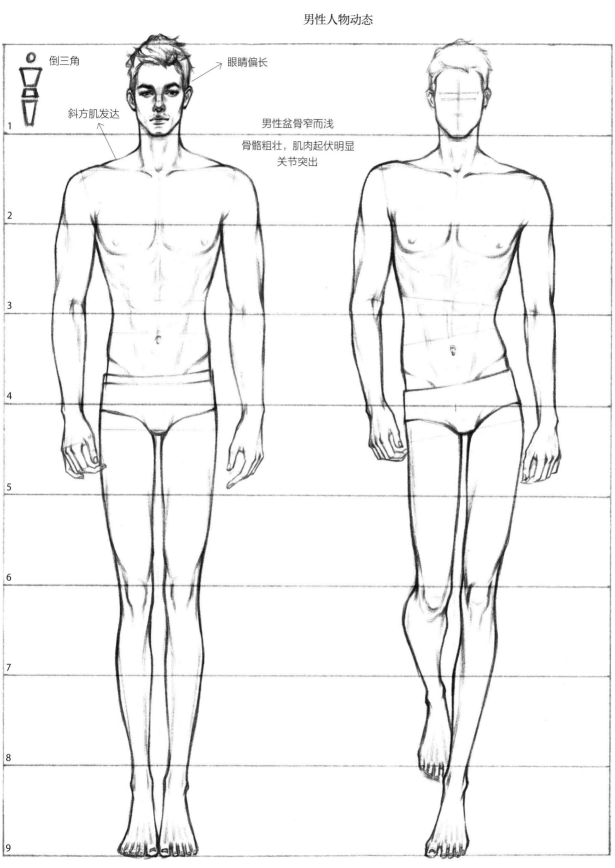

倒三角

斜方肌发达

眼睛偏长

男性盆骨窄而浅

骨骼粗壮，肌肉起伏明显
关节突出

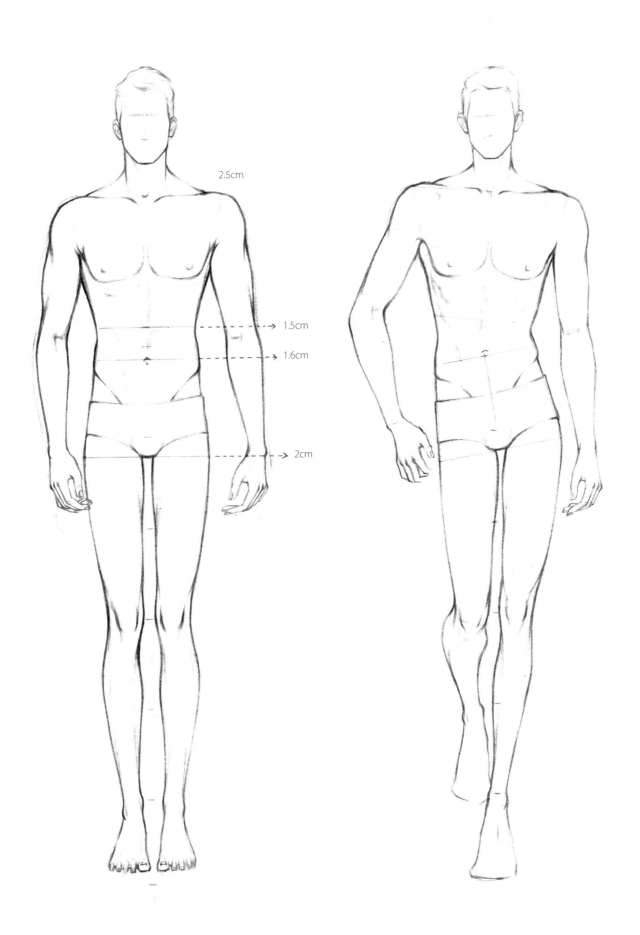

2.5cm

1.5cm

1.6cm

2cm

服装设计效果图妆容与发型

短发造型塑造

step 01 使用橘色彩铅起型，绘制出五官及头发的大致轮廓，调整好五官的位置关系，适当使用辅助线。

step 02 分组整理发型的具体结构，绘制出头发的体积感和厚度，处理好发丝的前后覆盖关系。勾画出五官结构细节，加重眉毛、鼻翼、唇缝线、耳朵及下颌。

step 03 使用棕色彩铅绘制眉，顺着眉毛生长方向绘制自然的眉毛走向。使用棕红色彩铅加重鼻孔及下颌阴影，使用黑色彩铅绘制出瞳孔，留出眼睛的高光。

使用橄榄绿色彩铅绘制虹膜,画出适当的深浅变化,体现眼珠的晶莹通透感。使用肤色彩铅绘制出眼窝、山根及鼻翼的阴影,逐渐开始塑造脸部立体感。

继续使用肤色彩铅绘制脸部结构,找出颧骨走向,细密排线加深颧骨阴影及脸侧鬓角处阴影。用深一色号的肉粉色彩铅绘制耳朵,加深耳廓结构。用肉粉色彩铅打底,再用棕红色彩铅二次加深下颌在脖子上的投影。用绿色彩铅勾出耳饰的结构轮廓。最后使用橘粉色彩铅绘制唇部,下唇留出高光表现唇部立体感。

使用肉粉色彩铅加深发梢在脸部的一圈阴影,拉开头发与脸部的空间关系,使发型蓬松立体。绘制出鼻梁、鼻底及远处侧脸的阴影,边缘留出适当反光。下巴使用长弧线绘制出下颌的转折厚度线。

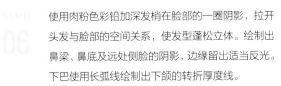

step
07

使用土橘色彩铅打底，绘制头发底色，根据发型分区域绘制发丝。头发中部一圈留出断断续续隐约的反光留白。刘海的发根及发梢两端加重颜色，绘制出弯曲感。

step
08

使用棕色彩铅绘制第二层发色，留出反光区，从发根向发梢拉线，中间留白处停顿略过。适当穿插留出缝隙，露出土橘色底色，丰富发型的层次感。

使用宝石绿色彩铅绘制耳饰，描绘出
step
09
宝石的结构，根据切面留出适当的高光，加深阴影面，塑造出耳饰的立体通透感。

卷发造型绘制

使用橘色彩铅起型，绘制出模特五官及头颅结构，画出卷发的大致轮廓，第一步时不要绘制发型细节。

使用橘色彩铅继续加深五官细节，明确出脸部轮廓线。将卷发分区域进行绘制，齐刘海造型注意头顶的发缝处理。再使用橘红色彩铅勾画出墨镜的边框结构，使用肤色彩铅绘制出墨镜边框在脸部的投影，投影线条需要根据颧骨的转折而变化。使用鹅黄色彩铅勾画出领口的服装线条。

使用橘色彩铅勾画加重头发的线条，使用棕色彩铅绘制出眼珠，棕红色彩铅加重鼻翼。用粉色彩铅绘制唇部，下唇留出高光效果，用肤色彩铅画出下颌在脖子的投影。最后使用橘色彩铅均匀地绘制出墨镜的底色，下笔轻柔，颜色不遮盖眼睛结构，只产生叠色效果。

step
04

使用肤色彩铅绘制出五官及颧骨阴影，加重鼻翼、鼻底颧骨下方、侧脸、脖子投影等部位。使用橘红色彩铅加重墨镜部分，刻画出墨镜与眼部的透视关系，加重投影的形状，空出部分浅色区域，将墨镜在脸部的投影区也使用橘色彩铅画出光影效果。使用玫瑰粉色彩铅加深唇部，最后使用高光笔点亮眼珠高光及唇部反光。

step
05

使用棕黄色彩铅绘制头发第一层颜色，分区域画出卷发，卷曲的凸起处留白，凹陷处加深，依次推进，塑造出立体的波浪卷。再使用柠檬黄色彩铅绘制领口颜色。

step
06

使用棕色彩铅绘制第二层发色，加重刘海的发根及发梢，塑造出蓬松质感，加重侧面一缕缕卷发互相覆盖的缝隙，表现出发型的厚重与层次感。再使用黑色、橘色、灰色及淡绿色彩铅绘制出领部的花朵装饰，波点使用黑色打底，高光笔点出白色波点。

束发造型绘制

使用橘色彩铅起型，绘制出人物侧脸造型，发型头顶区域蓬松，与头颅顶部有一定松量。绘制侧脸时，耳朵离我们的视觉中心较近，应精致刻画。

使用棕红色彩铅勾勒出面部轮廓，重点加重下颌区域及耳朵外轮廓。使用棕色彩铅绘制出眉毛及眼部，使用黑色彩铅轻轻勾勒发型内部的发丝走向。

使用肤色彩铅绘制出面部结构，着重绘制侧面凸起的颧骨区域，加强太阳穴上方转折、颧骨下方、鼻翼、下颌转折阴影及耳后阴影。塑造出面部的立体感。

使用藏蓝色彩铅先绘制侧面的头发底色，而后使用黑色彩铅绘制发丝，线条从额头发根起始，延伸至束发绑带位置，发际线的碎发要有序地交错绘制，这一处需要耐心整理线条。因发色较深，为了画面整体效果透气高级，后脑勺的区域渐变留白，做出艺术效果。

使用淡绿色加土黄色彩铅勾出耳饰结构线，使用肤色彩铅绘制出耳饰在脖子上的投影。

使用绿色、土黄色彩铅打底画出金属耳饰的底色，再使用橄榄绿色及深棕色彩铅加重圆环阴影，使用高光笔描绘出圆环的高光条及圆环最凸起部位的高光点。最后整理面部阴影，使用棕红色彩铅加重耳饰投影，拉开耳饰与脸部的空间关系。

服装结构与人体的关系

服装款式图的绘制与表现

在服装设计的过程中我们通常会用到两种形式的服装呈现图，一种是平面化的服装款式图，另一种是模特穿着的服装设计效果图。

服装款式图是呈现服装款式结构的平面展示图，绘制服装款式图是为了直观地展示服装各部分的形状、大小和结构（有时还包含缝纫走线以及面料、成分、体积等）。它相较于服装设计效果图更加考究表达款式的正确性，更真实准确。

而服装设计效果图是通过灵动的人物衬托服装的风格化表现形式，相较于服装款式图，它需要额外考虑服装和人体结构的包裹关系，不同面料产生的垂感、挺括感、飘逸感都需附着在人体结构上表现出来。

服装各部位与人体的关系

领子与人体的关系及绘制过程

圆
领　　　　用铅笔绘制三条环绕颈部的弧线，由上至下分别形成高圆领、低圆领、大圆领。

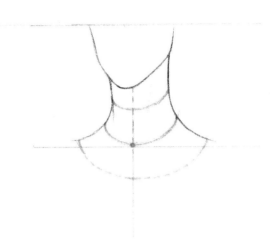

翻

领

围绕脖颈绘制 V 字形领口，靠近脖颈处为弧线。

脖子后侧的领围使用虚线绘制，再围绕脖颈画出领子弧线，最后垂直向下拉出一条直线来。

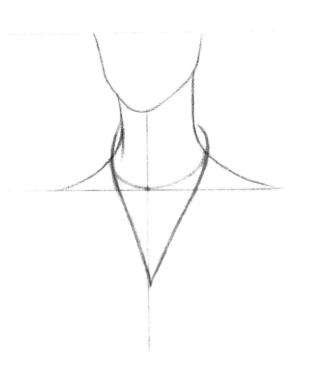

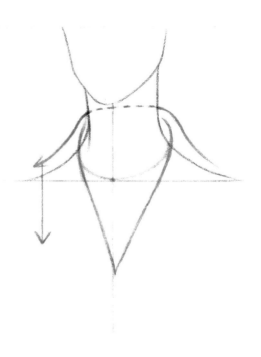

连接直线与V字领形成翻领结构。

在V领下方再画出一组对称的直角领,加上装饰绗缝线形成风衣翻领造型。

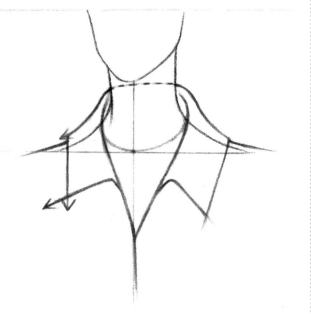
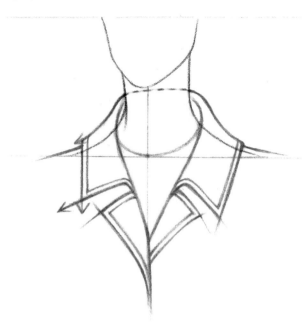

立
领

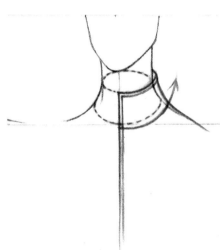
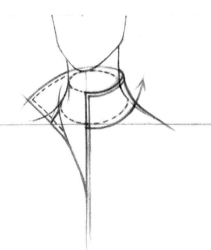

苹
果
领

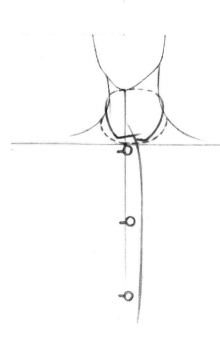
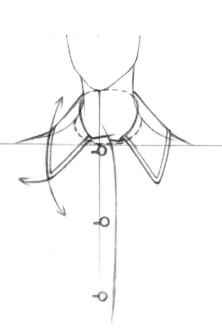

睡衣领

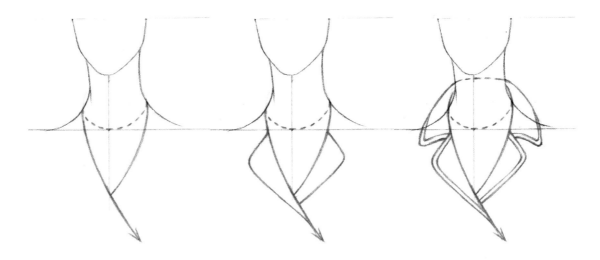

百褶娃娃领

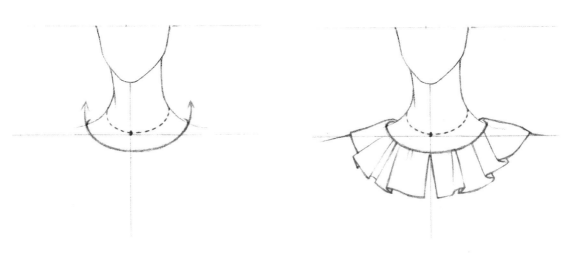

西装领

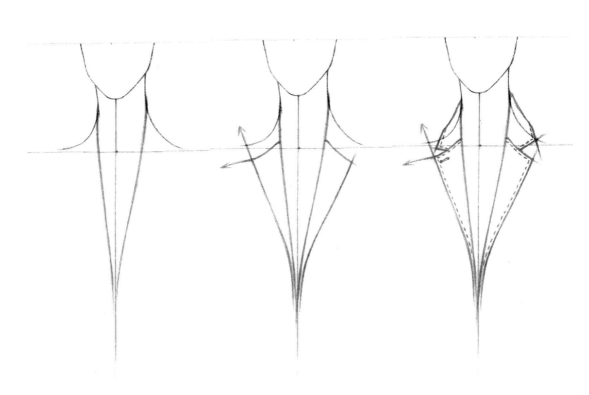

蝴蝶结飘带领

抽褶领

中式衬衫领

袖子与人体的关系

门襟与人体的关系

腰头与人体的关系

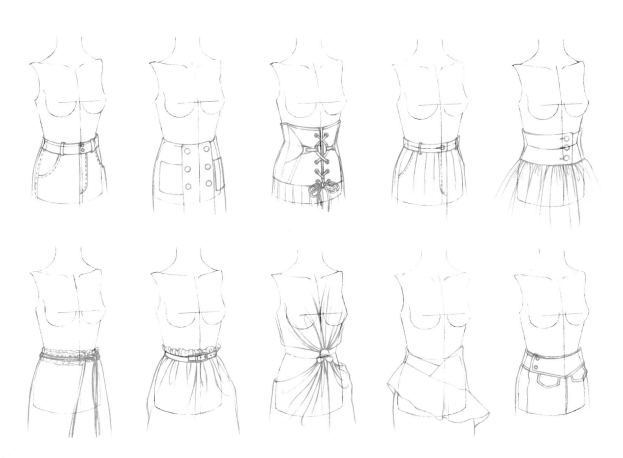

褶皱的表现

　　服装褶皱的产生与服装造型工艺有密不可分的关系，服装设计中常用的褶皱工艺手法有死褶和活褶，前者是运用工艺手法制作的有规律或是呈现某种特殊造型的褶，后者是运用松紧带或抽绳等材料系出的自然形成的褶皱。在复杂工艺的服装造型中，衣褶出现的频率很高，对服装效果图的线稿要求会更高，我们需要先清楚地认识每种褶皱的结构，再流畅地将其表现在服装设计效果图之中。

系扎褶　　　　　　　　　系扎褶　　　　　　　　　缠裹褶　　　　　　　　　缠裹褶

堆积褶　　　　　　　　　悬垂褶　　　　　　　　　悬垂褶　　　　　　　　　缩褶

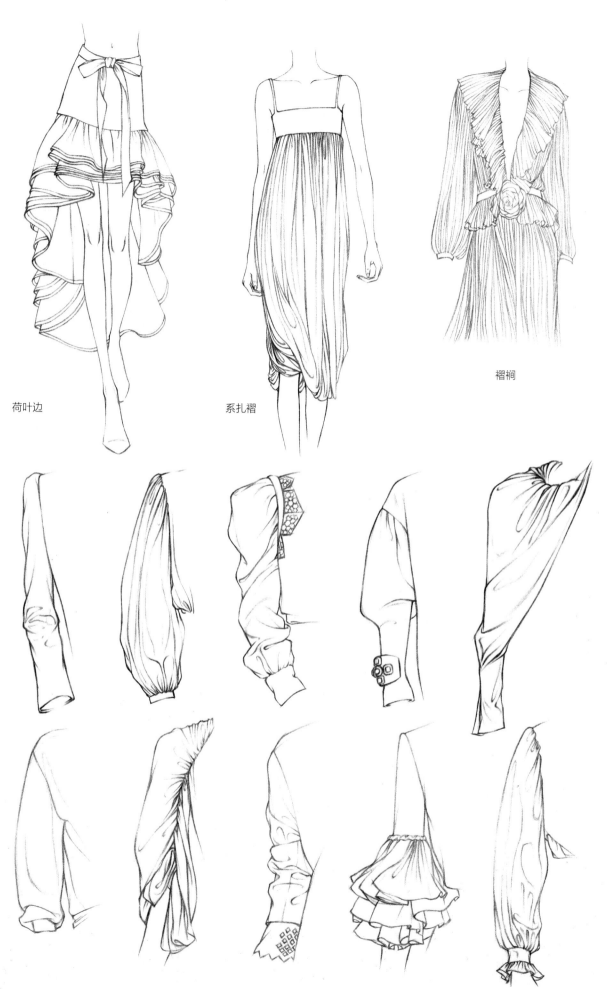

荷叶边

系扎褶

褶裥

第二章

彩铅表现各种
面料质感

薄纱表现步骤详解

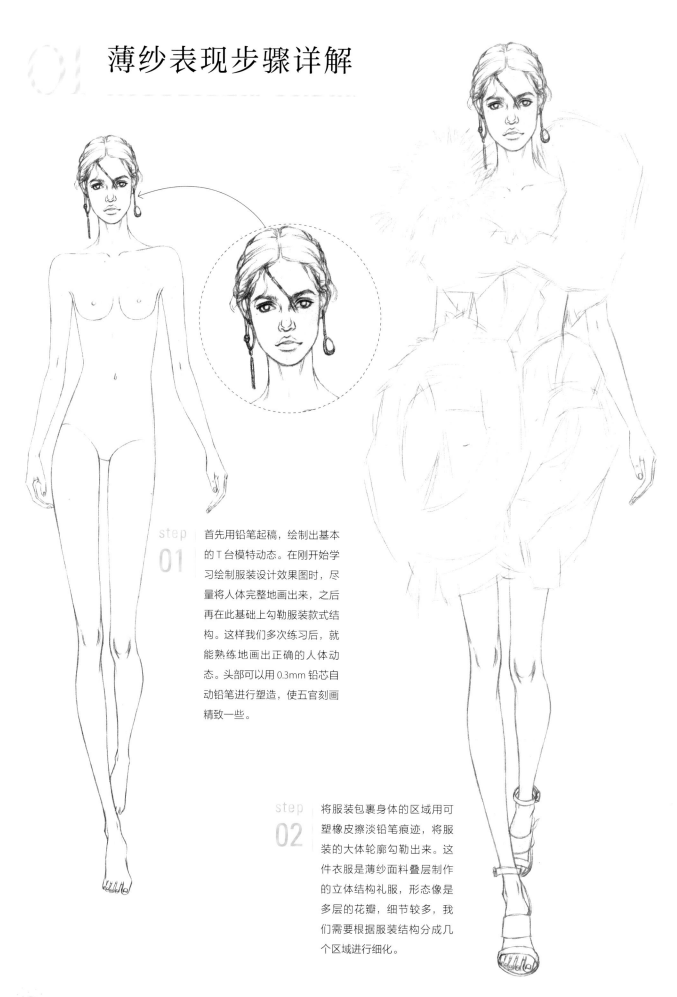

step 01　首先用铅笔起稿，绘制出基本的T台模特动态。在刚开始学习绘制服装设计效果图时，尽量将人体完整地画出来，之后再在此基础上勾勒服装款式结构。这样我们多次练习后，就能熟练地画出正确的人体动态。头部可以用0.3mm铅芯自动铅笔进行塑造，使五官刻画精致一些。

step 02　将服装包裹身体的区域用可塑橡皮擦淡铅笔痕迹，将服装的大体轮廓勾勒出来。这件衣服是薄纱面料叠层制作的立体结构礼服，形态像是多层的花瓣，细节较多，我们需要根据服装结构分成几个区域进行细化。

step 03 用蓝色彩铅仔细刻画出礼服的细节，领子及裙摆都比较蓬松，腰部收紧。用可塑橡皮擦淡其他部分的铅笔痕迹，而后选出棕红色彩铅或肤色彩铅在擦淡的铅笔痕迹上重新勾画模特形体。这一步能使后续的上色与边缘线更加融合。

step 04 用肤色及深肤色彩铅对人物裸露皮肤部分进行铺色，绘制人物肌肤时上色需要细腻均匀。而后用棕红色彩铅对人物五官进行初次的塑造，将山根、眉弓、鼻底、颧骨的阴影区域绘制出来。最后用棕色彩铅绘制眉毛，黑色彩铅削尖笔头刻画眼线、睫毛及瞳孔，眼睛虹膜区域用深蓝色彩铅进行填充，而后使用粉色彩铅叠加绘制出腮红的颜色。

step
05
用棕色系彩铅绘制头发。先用浅
棕色彩铅铺出第一层颜色，留出
头发高光区域。第二层使用深棕
色彩铅进行分区域细致刻画，将
头发的层次感及发丝塑造出来。

step
06
根据礼服的颜色层次变化，
选出 3 支以上明度不同的蓝色
彩铅，从左边领口部分开始
绘制，薄纱最薄透部分留白，
缝制的褶皱汇集处颜色最深。
留白部分是面料的边缘，将
叠加在下层的面料颜色加重，
和上层面料的边缘颜色拉开
对比度。

step
07

从左向右、从上向下地过渡
填充颜色，避免手蹭到上过
色的区域。在画出渐变色的
同时，加重阴影区域，注意
层次感的表现。

step
08

根据裙子大体结构分了左右两个
区块，形状像两朵展开的花苞，
从一侧的中心开始上色，向外围
发散，中心区域颜色比较深，外
圈边缘是渐变留白。画到身体中
线部分时线条轻柔虚化，给右侧
上色留出余地。

裙摆右侧上色方法与左侧一致，但需注意与左侧的遮盖关系。面料的方向不要过于一致，面料边缘遮挡胳膊的区域要留白处理，边缘用肤色彩铅勾勒。这样才能表现出面料的光感以及面料与肢体的遮挡关系。

最后整理一遍服装的整体着色，把握好明暗关系，使服装呈现对比度强烈的明艳色调。白色凉鞋的暗部会映出环境色，我们将受光强的区域留白，暗部画出环境色，塑造出立体的鞋面。画手镯时用灰色打底，中间留出高光。

绸缎表现步骤详解

step 01 首先用铅笔起稿，因人物呈双手插兜姿态，所以小臂要比正常垂直时短。左肩稍高一些，右胯扭动顶出去，将模特的T台走动状态画出来。右腿作为重心腿向前迈进，左腿向后切换，注意左腿的小腿部分粗细过渡明显。

step 02 用可塑橡皮擦淡人体部分的线条，用橘粉色、湖蓝色、嫩绿色彩铅分别勾勒出西装衣裤及上衣打底衬衫的轮廓。西装的领子部分线条要硬挺一些，裤子的线条要随着腿部运动趋势流畅地画出长线。

step
04

模特上眼皮部分用棕红色彩铅加深，塑造出眼影效果，眼皮至眉骨位置过渡要自然。使用土黄色及鹅黄色彩铅混合画出头发底色，注意留出头顶区域的高光。再使用棕色彩铅加深发色，笔尖削尖一些，刻画发丝效果，垂落在脸部的发丝不要太过规律，要有自然的凌乱感。

step
03

用肤色彩铅对人物面部、腹部及手部分别上色，腹部需要注意有衣服的投影，颜色较深。用棕红色彩铅勾画模特五官，加深鼻子两侧山根、眼窝的阴影。用肤色彩铅再次加深鼻头区域，塑造出立体的鼻子。用粉色彩铅混合棕红色彩铅画出唇部底色。面部轮廓及眉眼细节使用棕色彩铅刻画。

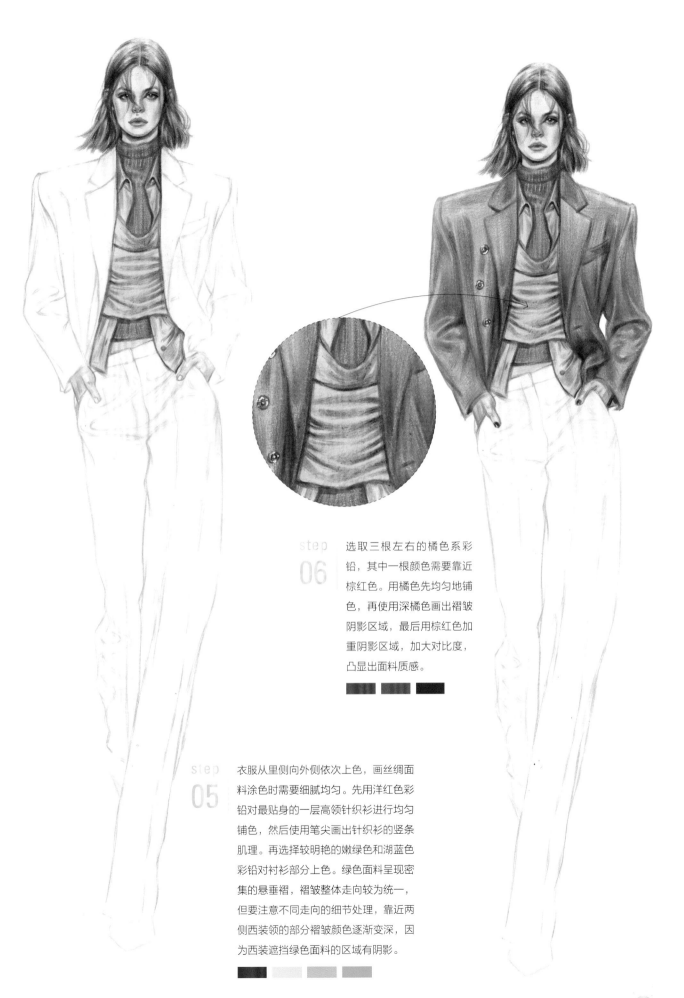

step
06

选取三根左右的橘色系彩
铅，其中一根颜色需要靠近
棕红色。用橘色先均匀地铺
色，再使用深橘色画出褶皱
阴影区域，最后用棕红色加
重阴影区域，加大对比度，
凸显出面料质感。

step
05

衣服从里侧向外侧依次上色，画丝绸面
料涂色时需要细腻均匀。先用洋红色彩
铅对最贴身的一层高领针织衫进行均匀
铺色，然后使用笔尖画出针织衫的竖条
肌理。再选择较明艳的嫩绿色和湖蓝色
彩铅对衬衫部分上色。绿色面料呈现密
集的悬垂褶，褶皱整体走向较为统一，
但要注意不同走向的细节处理，靠近两
侧西装领的部分褶皱颜色逐渐变深，因
为西装遮挡绿色面料的区域有阴影。

step
07

用橘粉色彩铅对裤子部分进行第一遍上色，上色需要耐心细腻，笔触痕迹少。而后使用橘粉色及桃粉色彩铅融合加深褶皱区域。褶皱远观是线段状，实际刻画时是一个个阴暗面，胯部横向褶皱较多。

印花表现步骤详解

step
01

首先用铅笔起稿。绘制戴墨镜的模特时，先将眼睛位置定好，之后再根据眼距及脸部宽度按比例绘制出墨镜的框架大小。模特手呈现握包带的姿势，把手部整体形态绘制出来。

step
02

用可塑橡皮将人物身体线条擦淡，而后用铅笔勾出衬衫长裙的结构，领口要环绕包裹着颈部。包带从肩头流畅地连接到手部虎口处，将遮挡到的手部线条轻轻擦去。凉鞋是编织款式，分成鞋面、鞋底、鞋带三组依次去绘制。

step
03

用橘色、绿色、紫色、黄色、
黑色彩铅分别勾出连衣裙上的
印花图案，可以从左肩开始画，
逐渐推进。注意图案之间的位
置关系。

step
04

用肤色彩铅绘制人物皮肤底
色，用棕红色彩铅加深阴影区
域。因为墨镜框是黄色，所以
镜框下方使用橘色绘制表现出
墨镜的投影。胳膊和手指都需
要塑造出立体感，手臂中间颜
色浅，留出高光效果。

step **05**

先用棕色彩铅画出眉毛、眼眶、瞳孔，再用茶色系彩铅画出墨镜颜色。用肤色彩铅加重鼻翼阴影，注意鼻梁处被墨镜压的区域需要画出肤色投影。选用玫瑰色系彩铅画出唇部颜色。

step **06**

用黑色及棕色彩铅混合画出头发底色，注意留出头顶区域高光，体现头发的润泽感。下颌及脖子两侧区域头发颜色要深一些，此处是头发与脖子间的阴影区域。

使用黑色彩铅或马克笔填涂黑色印花区域，注意边界线处理干净，图案与图案交叠穿插处要留出合理的区域。

使用黄色、橘色、绿色等彩铅依次对应图案区域上色，涂色需要细腻均匀。避免颜色过界，晕色。

最后使用米黄色彩铅对服装的留白区域进行阴影加深，白色面料的褶皱及立体感需要环境色或米色来加深。衣服轮廓线不要连接得太生硬，注意线条的轻重变化，显示出衣服的受光效果。

印花范例

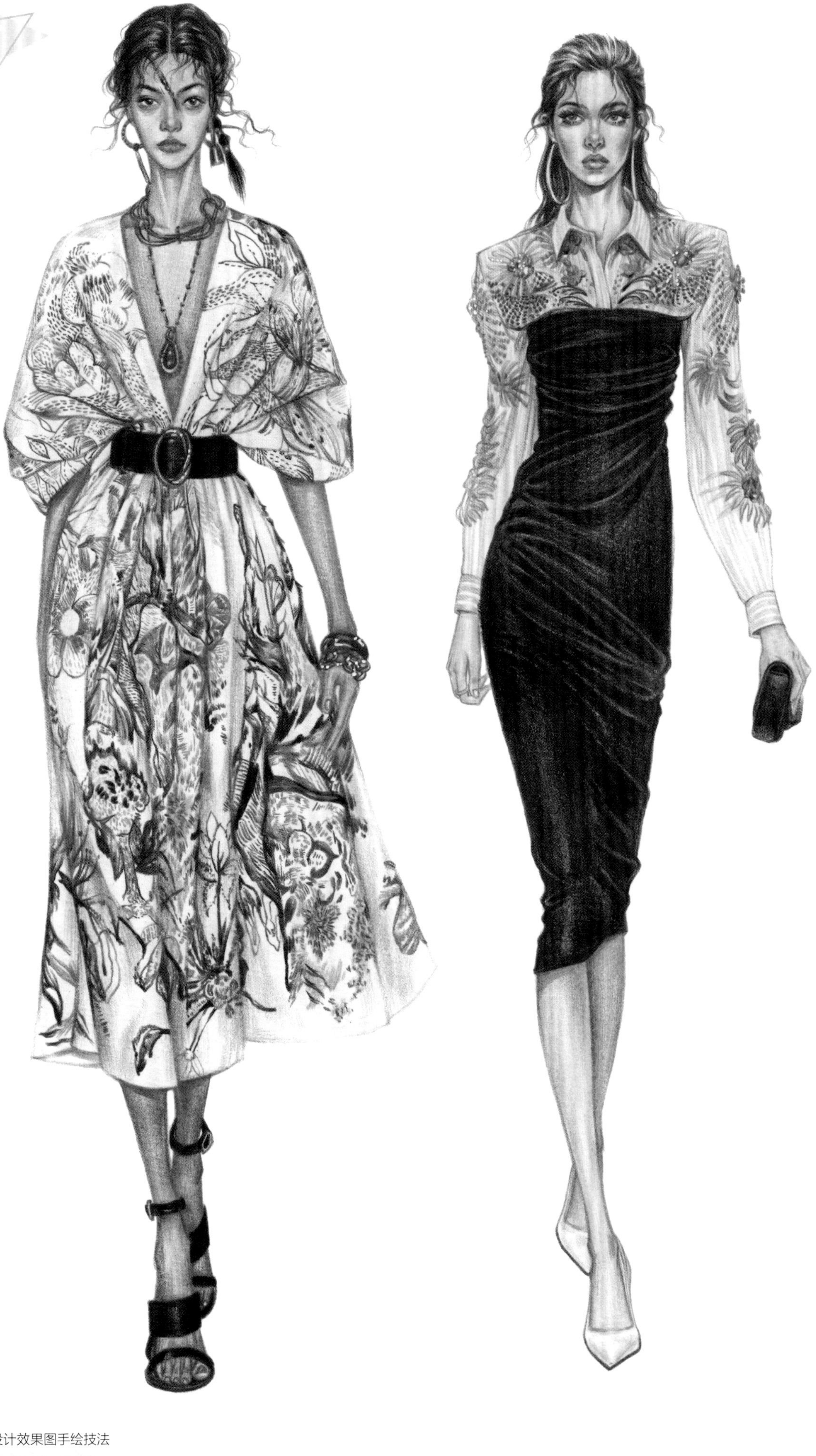

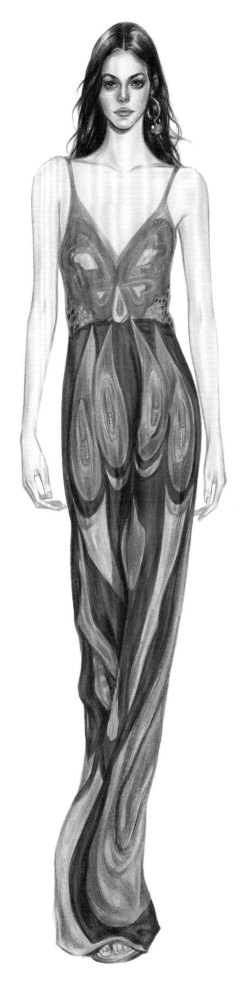

04 格纹表现步骤详解

step 01　首先用铅笔起稿，先将模特动态画准确，再用可塑橡皮擦淡痕迹，画出大衣及各种配饰。腰带对大衣产生了收紧的作用，要画出大衣腰部的褶皱。配饰包要注意提手部分和手部的遮挡包裹关系。

step 02　使用棕红色及肤色彩铅描出人物身体露出的部分，将面部精细地勾勒出来。用浅棕色彩铅勾勒大衣和靴子，用黑色彩铅勾出装饰腰带。再使用红色彩铅勾出包的结构。勾边时注意线条的变化感，在转折处线条颜色较深。

step 03 用肤色彩铅对人物皮肤上色，面部使用橘粉色系彩铅画出阴影，使用棕红色彩铅加深颧骨阴影及头部投在脖子上的阴影区域。注意画出腿部的立体感。再使用棕黄色彩铅顺着发丝方向进行第一层铺色，留出头顶部高光。

step 04 模特肤色是较深的小麦色，需要使用深肤色或棕红色彩铅加重肤色，注意大腿上方要画出大衣边缘的投影。使用深棕色彩铅对头发进行第二层上色，依旧沿着发丝方向进行上色，画出一些飘起的发丝，显示出模特T台的动态感。最后使用米色彩铅均匀且较轻薄地对大衣进行整体平铺色。

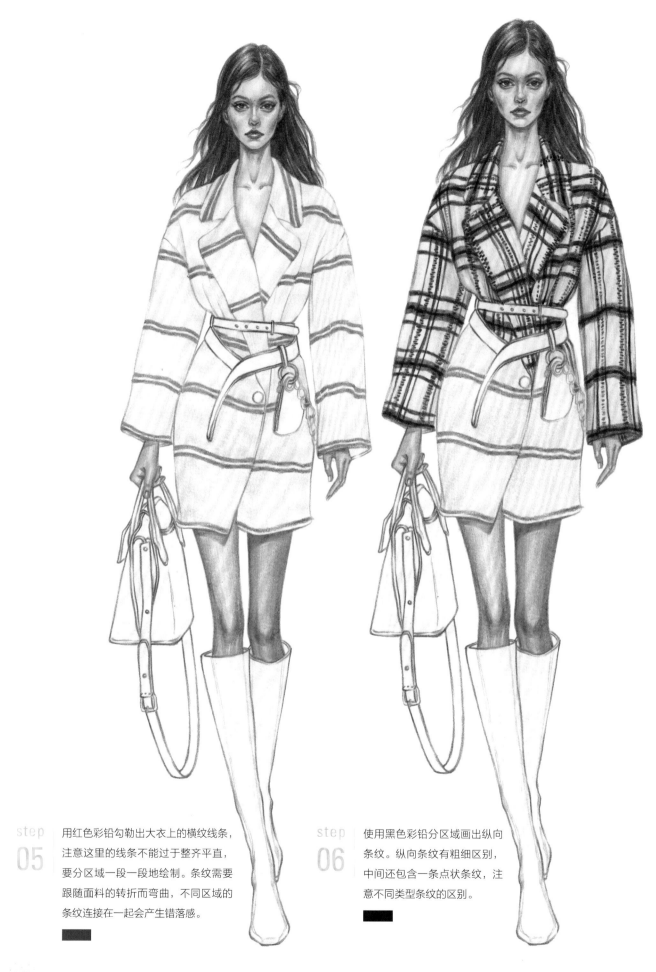

step
05

用红色彩铅勾勒出大衣上的横纹线条，
注意这里的线条不能过于整齐平直，
要分区域一段一段地绘制。条纹需要
跟随面料的转折而弯曲，不同区域的
条纹连接在一起会产生错落感。

step
06

使用黑色彩铅分区域画出纵向
条纹。纵向条纹有粗细区别，
中间还包含一条点状条纹，注
意不同类型条纹的区别。

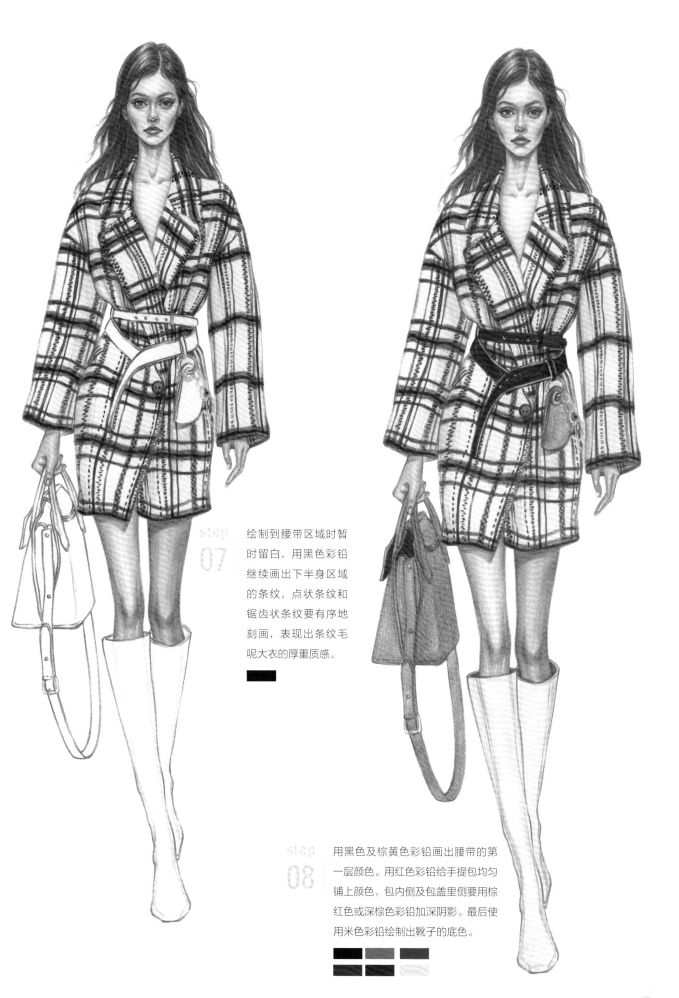

step 07

绘制到腰带区域时暂时留白，用黑色彩铅继续画出下半身区域的条纹，点状条纹和锯齿状条纹要有序地刻画，表现出条纹毛呢大衣的厚重质感。

step 08

用黑色及棕黄色彩铅画出腰带的第一层颜色。用红色彩铅给手提包均匀铺上颜色，包内侧及包盖里侧要用棕红色或深棕色彩铅加深阴影。最后使用米色彩铅绘制出靴子的底色。

step
09

用深棕色及黑色彩铅画出腰带上的斑纹，用红色彩铅加深包的结构，将包靠近身体一侧的面加深，塑造出包的立体感。使用深灰色彩铅绘制出靴子上的有序花纹，其后使用棕色彩铅填充靴筒与腿部之间的阴影空隙。

step
10

用红色彩铅加深包的颜色，塑造出皮革质感，上色需要非常均匀细腻，注意深浅过渡。用黑色彩铅刻画出靴筒上蛇纹斑点的效果，黑色斑点围绕灰色花纹错落有致。

毛呢表现步骤详解

step 01 首先用铅笔起稿，先绘制出流畅的模特动态，而后开始绘制出毛呢大衣轮廓。注意绘制帽子时，头顶可以有一些松量，这一部分松量不计入头身长度。毛呢大衣廓形大，绘制时超出身体区域较多，注意画出厚重感。靴子细节较复杂，画鞋带部分时注意穿插的前后错落感。

step 02 使用棕红色彩铅勾画出人物面部及身体。再使用棕色彩铅描出大衣的型，大衣拼接处使用土橘色彩铅勾边。鞋带使用黄色彩铅勾出，用棕色彩铅勾画鞋型时注意线条干净利落。用天蓝色彩铅勾出 T 恤中间的人物图案。

step
03
使用肤色彩铅绘制出脸部及身体区域的皮肤质感，加深鼻底及帽檐下方阴影。使用粉色混合肤色彩铅塑造出唇部，注意下唇留出高光效果。最后使用棕色彩铅画出发丝，靠近脸部的几缕发丝留出中段的高光。

step
04
用棕红色彩铅给皮质帽子及领子上色，横向铺色留出大量高光区域为塑造皮质感。帽子的双耳用黑色填涂，靠近脸部一侧颜色加深。再使用橘黄色彩铅均匀填涂大衣里侧夹层，用纵横交叉的方式排线上色。

step
05

用棕红色彩铅加深帽子及领口
的深色区域,依旧留出高光,
根据面料转折确定高光的形状
变化。接下来画出帽子的颗粒
感,塑造出鳄鱼皮纹路,最后
使用高光墨水或高光笔点出帽
子亮皮反光强烈的部分。用黑
色彩铅填充T恤的黑色底色及
大衣夹层的绗缝区域。

step
06

使用蓝色系彩铅描绘出T恤中间的人
物图案,笔尖削尖一些便于刻画小细
节。用土橘色彩铅绘制出大衣夹层绗
缝部分的肌理感,胯部附近的橘色深
一些,底部的橘色较浅,色泽艳丽。
绘制出每个三角区域的凸凹质感。

step
07

用米色彩铅给大衣平铺一层淡淡的底色，用黑色彩铅有序地画出毛呢人字纹，从衣服边缘开始分区域一竖排一竖排地绘制。注意观察面料的走向，口袋部分转折要用人字纹的排列表现出来。

step
08

用棕黄色搭配黑色彩铅穿插绘制出领子上的皮草，顺着毛舒展的方向一根根排线，下笔肯定、收笔轻盈，塑造出狐狸毛的质感。用黑色彩铅绘制出皮包，与大衣夹层的塑造方式一样，先绘制出绗缝的形状，再分区域塑造出凹凸质感。

先使用黄色彩铅削尖笔头刻画鞋带，而后使用棕色对皮靴进行上色，注意留出鞋头部分的高光。绘制鞋带区域时，穿插填色，补充空隙，将鞋带完整地保留出来。内部结构边缘处可以留出细细的白边。

毛呢范例

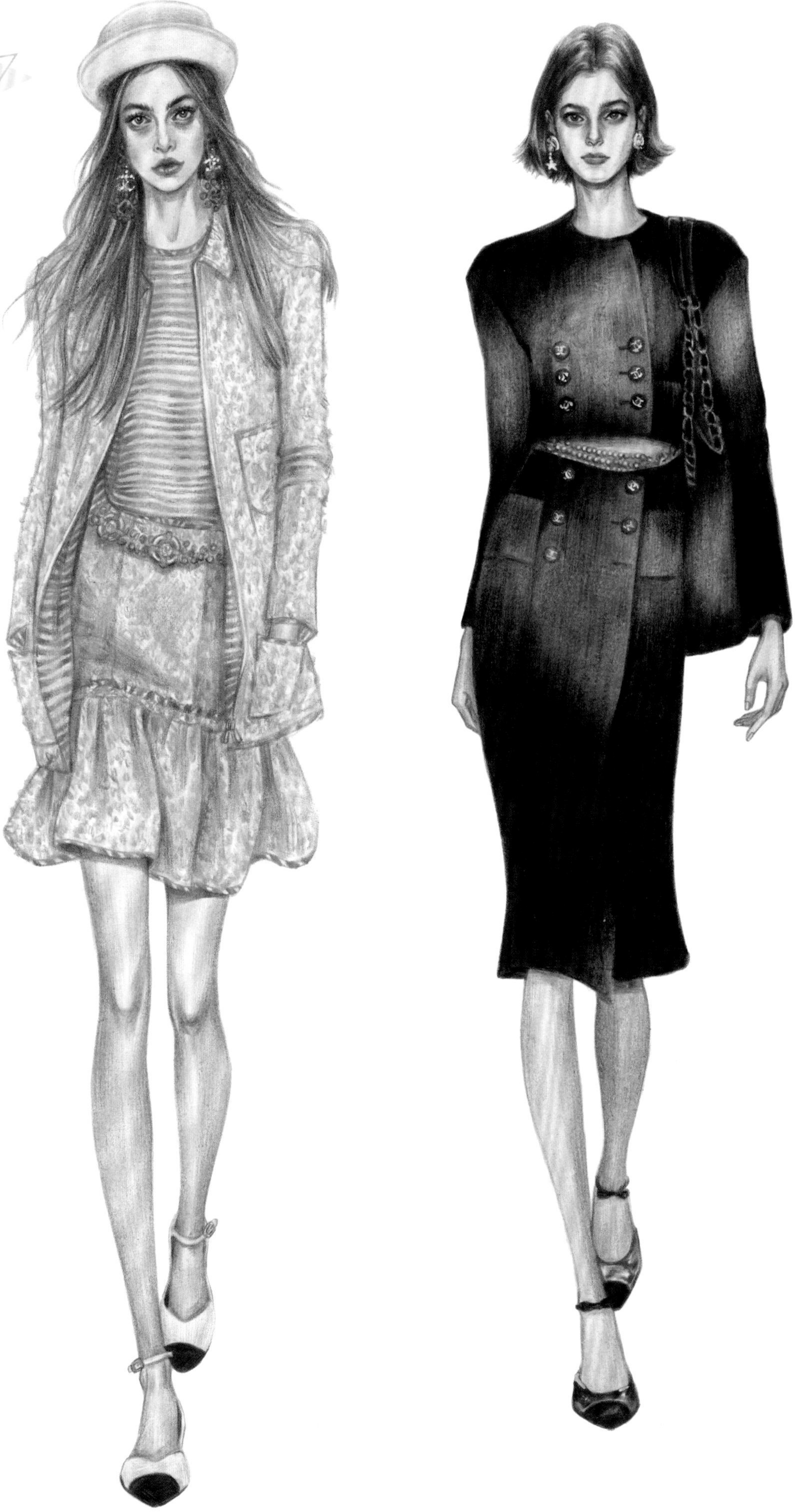

06 针织表现步骤详解

step 01 首先用铅笔起稿，绘制出模特T台动态，根据身体摆动走向绘制出廓形毛衣及鱼尾裙。绘制褶皱堆积较多的长靴时，可以根据棕黄色的底色选择橘色系彩铅进行勾画。绘制头发时用转折较多的弯曲线条表现小波浪卷发，画出头发的蓬松感。

step 02 用棕红色彩铅勾勒脸部轮廓及五官，用肤色彩铅给皮肤部分画底色，再使用深一些的肤色彩铅加重五官阴影。使用浅黄色彩铅画出发梢区域，使用棕色彩铅加深上半截头发，画出模特的渐变发色。

使用土橘色彩铅对毛衣进行大面积铺色，再使用紫色彩铅削尖笔头画出衬衫的条纹，注意袖子漏出的部分条纹要随着衬衫的褶皱走向发生转折。最后使用土橘色和棕黄色彩铅画出毛衣袖子的竖条罗纹。

毛衣胸口部位有秀场灯光投射产生的光条，画罗纹时有意识地停顿留白，将光条区域留出。

使用黑色彩铅将半身裙部
分均匀铺色，而后使用高
光墨水点上细密的小点，
塑造出粗花呢面料的质
感。最后再用黑色彩铅加
重裙子褶皱。

用棕黄色彩铅来塑造褶皱长靴，
先将靴子中线画出，没有褶皱
的区域平涂，褶皱部分将凸起
的褶中间留白，两侧阴影加重，
塑造出褶皱的堆积感。注意中
缝跟着褶皱会有转折变化。

牛仔表现步骤详解

step
01

用铅笔起稿，夹克部分用天蓝色、湖蓝色彩铅勾边，皮肤露出的区域用棕红色和肤色彩铅勾边。头发使用黑色彩铅勾线。腿部注意线条流畅，将膝关节画出大致结构线。

step
02

使用肤色彩铅均匀涂出人物肤色底色，面部薄涂平铺，腿部中间留出高光区域。墨镜框底部皮肤注意画出投影效果。唇部用红色彩铅涂色，塑造出下唇的厚度和立体感。画头发时给头顶部分留出高光。

step
03

用黑色彩铅和红色彩铅接色绘
制出墨镜的渐变效果，纵向留
出光条，塑造出镜片反光效果。

step
04

使用蓝色彩铅绘制出衬衫竖条
纹，加重领子下方阴影，绘制出
条纹上的刺绣花纹形状。而后使
用黑色彩铅平涂马甲部分，将笔
头削尖，刻画皮带部分，皮带扣
区域留白。

step 05 用蓝色彩铅均匀平涂外套区域，绘制出一些纵向线条，表现出牛仔面料的特征。

step 06 选出几个梯度的蓝色彩铅，从领口开始由上至下进行细节刻画。水洗牛仔面料的塑造需要注意斑驳感，上色时注意深浅变化以及留白过渡。

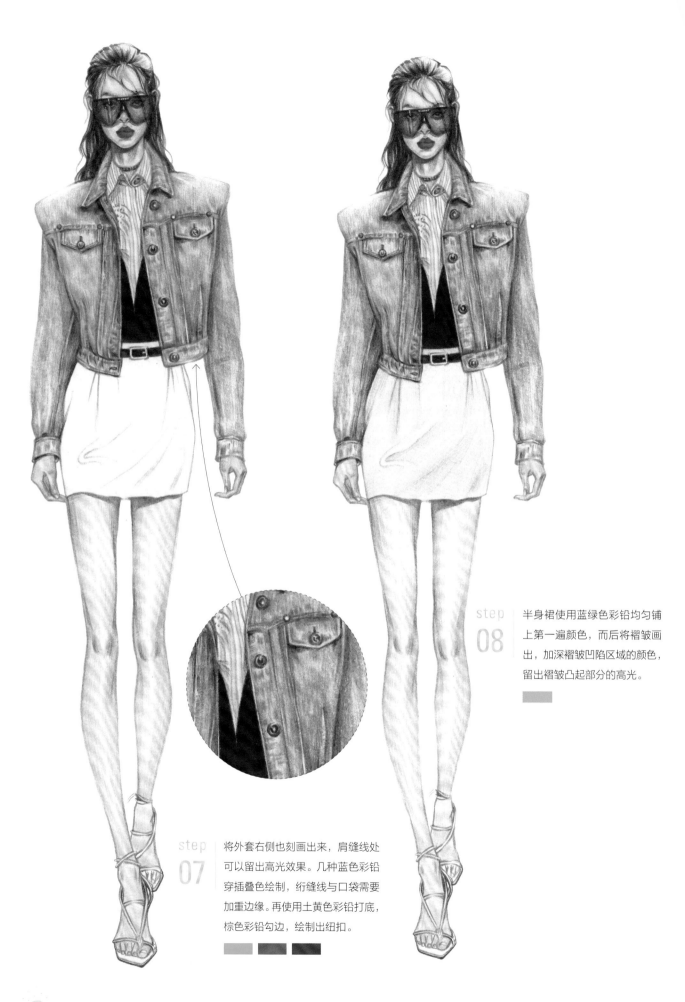

step
08

半身裙使用蓝绿色彩铅均匀铺
上第一遍颜色，而后将褶皱画
出，加深褶皱凹陷区域的颜色，
留出褶皱凸起部分的高光。

step
07

将外套右侧也刻画出来，肩缝线处
可以留出高光效果。几种蓝色彩铅
穿插叠色绘制，绗缝线与口袋需要
加重边缘。再使用土黄色彩铅打底，
棕色彩铅勾边，绘制出纽扣。

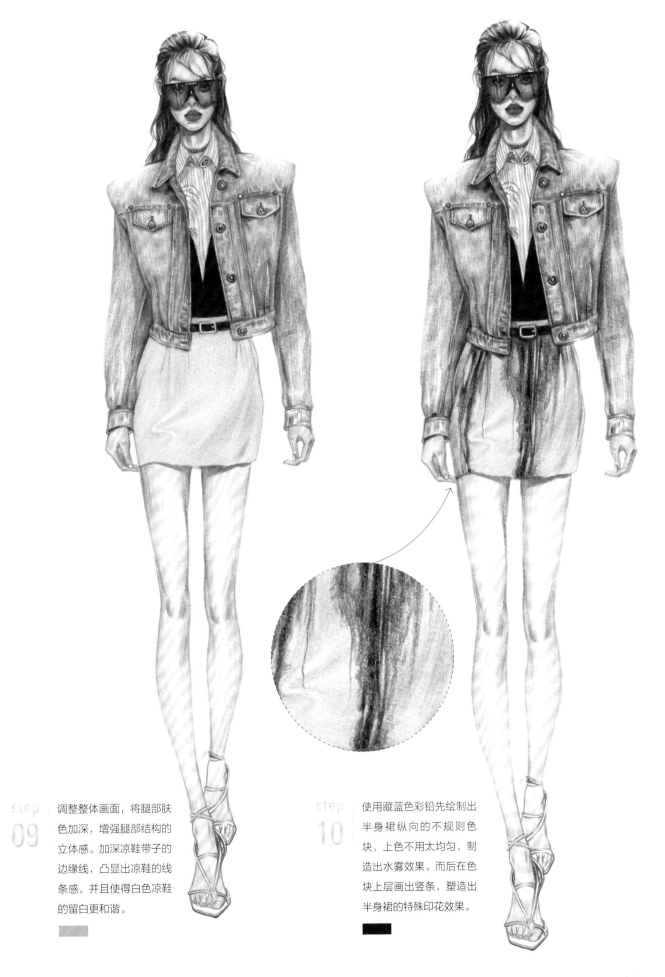

调整整体画面，将腿部肤
色加深，增强腿部结构的
立体感。加深凉鞋带子的
边缘线，凸显出凉鞋的线
条感，并且使得白色凉鞋
的留白更和谐。

step
09

使用藏蓝色彩铅先绘制出
半身裙纵向的不规则色
块，上色不用太均匀，制
造出水雾效果。而后在色
块上层画出竖条，塑造出
半身裙的特殊印花效果。

step
10

08 皮革表现步骤详解

step 01 用铅笔进行起稿，当绘制大衣内侧有复杂穿搭时，应描绘清晰领口转折和抽绳与外套的遮挡关系。

step 02 使用鲜红色彩铅勾画出服装的结构线条，勾线过程注意张弛有度，褶皱密集的连衣裙内侧下笔更重，外套边缘线淡一些，为后续的上色留白做出铺垫。之后取用黑色、土橘色及橄榄绿色彩铅勾画出手提包及挂饰的结构线条。

用肤色彩铅绘制皮肤，混入棕红色彩铅加重鼻侧、鼻底和眉弓，塑造出五官立体感。同时加重下巴在脖子上的投影以及裙摆在大腿部分的阴影，拉出空间感。使用棕色彩铅顺着发丝方向为头发上色，绘制长直发时分组填涂，便于塑造发丝的飘逸感。

使用鲜红色彩铅为内侧连衣裙上色，笔触随着褶皱方向排线，褶皱凸起区域适当留出高光。靠近大衣边缘区域适当加深，拉开连衣裙与外套的空间感。

使用高光墨水或高光笔对漆皮连衣裙的强反光部位进行提亮，高光的形状或线条要精致地点缀上去，顺着面料褶皱布局合理地提亮凸起部分。

外套是白色晕染红色效果的皮革面料，使用三个色阶的红色系彩铅进行上色，纵向排出细腻的线条融合成整片颜色，边缘根据晕染效果画出参差不齐的变化。白色皮革区域使用留白的方式，但要注意整体面料的褶皱纹路，白色及红色区域会有共同的褶皱，需要连贯地塑造出来。

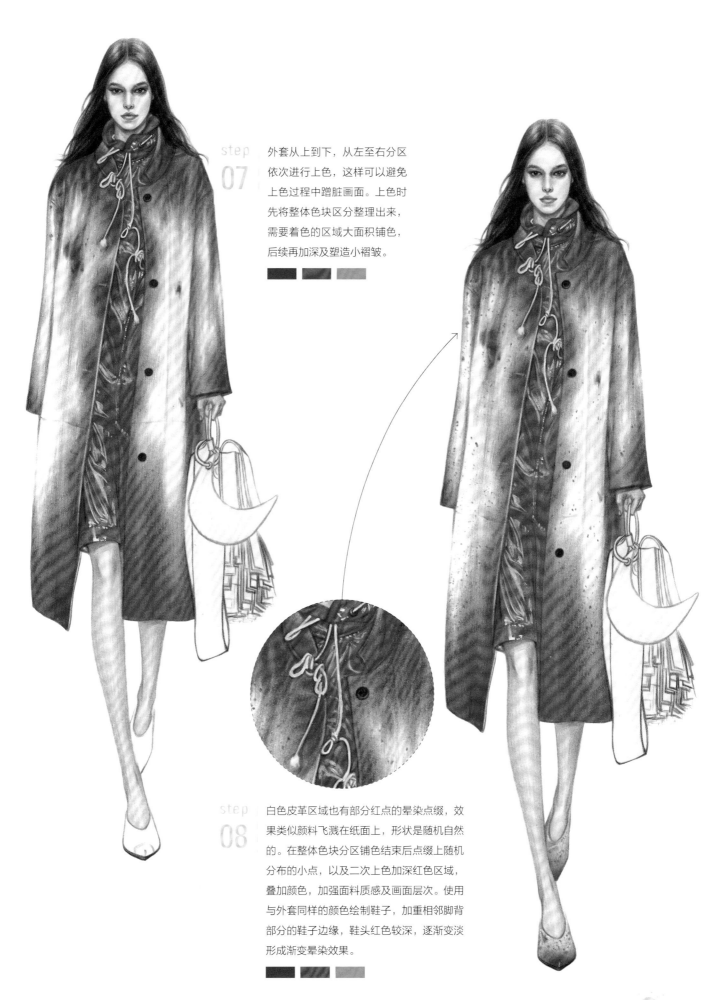

step
07

外套从上到下，从左至右分区
依次进行上色，这样可以避免
上色过程中蹭脏画面。上色时
先将整体色块区分整理出来，
需要着色的区域大面积铺色，
后续再加深及塑造小褶皱。

step
08

白色皮革区域也有部分红点的晕染点缀，效
果类似颜料飞溅在纸面上，形状是随机自然
的。在整体色块分区铺色结束后点缀上随机
分布的小点，以及二次上色加深红色区域，
叠加颜色，加强面料质感及画面层次。使用
与外套同样的颜色绘制鞋子，加重相邻脚背
部分的鞋子边缘，鞋头红色较深，逐渐变淡
形成渐变晕染效果。

step
09

使用黑色、土橘色及橄榄绿等颜色彩铅绘制手提包及挂饰。黑色装饰可以平涂，颜色压重一些，容易凸显前面的包饰。绘制手提包和挂饰时围绕物体形状加深或提亮区域颜色，包袋的侧面是向内凹的，凹槽两侧纵向需要加深，中央留出光条。

step
10

绘制服装面料与人体间的阴影，加深包袋配饰的阴影颜色，塑造出面料的不同质感。在黑色挂饰上使用高光墨水或高光笔写出大小均匀、工整的英文字母，完成画稿。

09 皮草表现步骤详解

step 01 首先用铅笔起稿，使用 0.3mm 或 0.2mm 的自动铅笔绘制面部细节。把握好人物形体，动态较大时也要注意重心腿的回落位置，避免人物倾倒。模特的羊毛卷发非常蓬松，需要在颅顶加出适当的厚度。皮草外套廓形较大，肩宽会超出模特肩宽较多，腰带收紧处也要注意塑造上下的皮草厚度。

step 02 用可塑橡皮擦淡草稿线条，使用肤色及棕红色彩铅勾勒面部，脏橘色彩铅画出卷发形状，可分组去画，便于整理头发层次。使用土黄及黑色彩铅勾勒拼接的皮草大衣，再使用蓝色和黑色彩铅分别勾勒出牛仔裤及靴子。

step
03

用肤色彩铅绘制皮肤，混用肤色、
棕红色及淡粉色彩铅叠色加深五官
阴影转折。眉毛混合橘红色和棕色
彩铅绘制，使用黑色彩铅刻画眼线
睫毛细节，用棕色彩铅画出眼珠。

step
04

使用橘色混合酒红色彩铅绘制长卷发，
靠近脸部及颈部的阴影区域颜色加重，
波浪卷发的卷曲凸起处留白，凹陷处
着色。分组绘制，羊毛卷卷发的反光
效果不是很强烈，要塑造出蓬松哑光
的效果。左边分布的发量较多，可以
使用画面留白的技巧，使头发整体看
起来不会太沉重。

step **05**
用土黄色、脏橘色及黑色彩铅
为皮草大衣上色，纵向绘制线
条，起笔重落笔轻，画出皮草
毛的蓬松和顺滑。先画浅色区
域，再画深色区域，画黑色拼
接皮草时用笔尖找出浅色毛的
间隙，绘制出重叠覆盖的效果。

step **06**
从左至右从上至下推进上色，右侧领子
相间有序留白，相邻两块拼接皮草中间
的阴影部分要跟着毛的形态加深边缘阴
影。在黄色毛的末端加上一些黑色渐变，
丰富皮草毛层次感。腰带使用米色彩铅
均匀细腻地平涂。

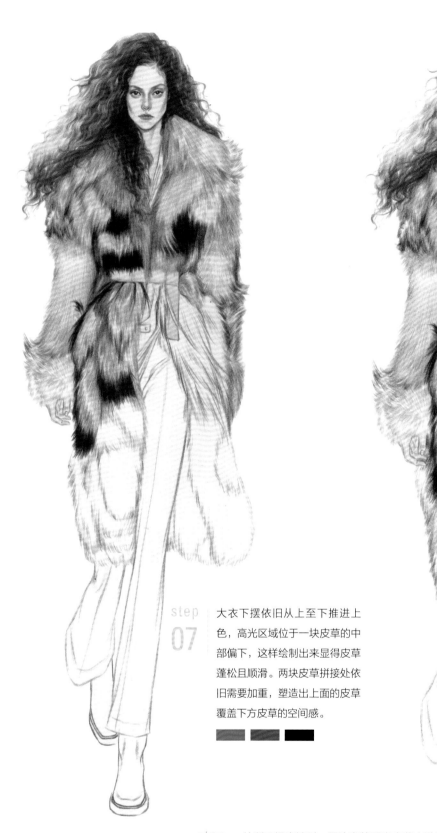

step
07
大衣下摆依旧从上至下推进上色，高光区域位于一块皮草的中部偏下，这样绘制出来显得皮草蓬松且顺滑。两块皮草拼接处依旧需要加重，塑造出上面的皮草覆盖下方皮草的空间感。

step
08
绘制下摆底端时，要注意整理出皮草大致的转折走向，皮草面料较为蓬松顺滑，不会有明显褶皱，但是会根据腿部走动而产生前后的波动。我们需要加深向后凹的部分，随着腿部向前凸起的部分颜色相对浅一些。

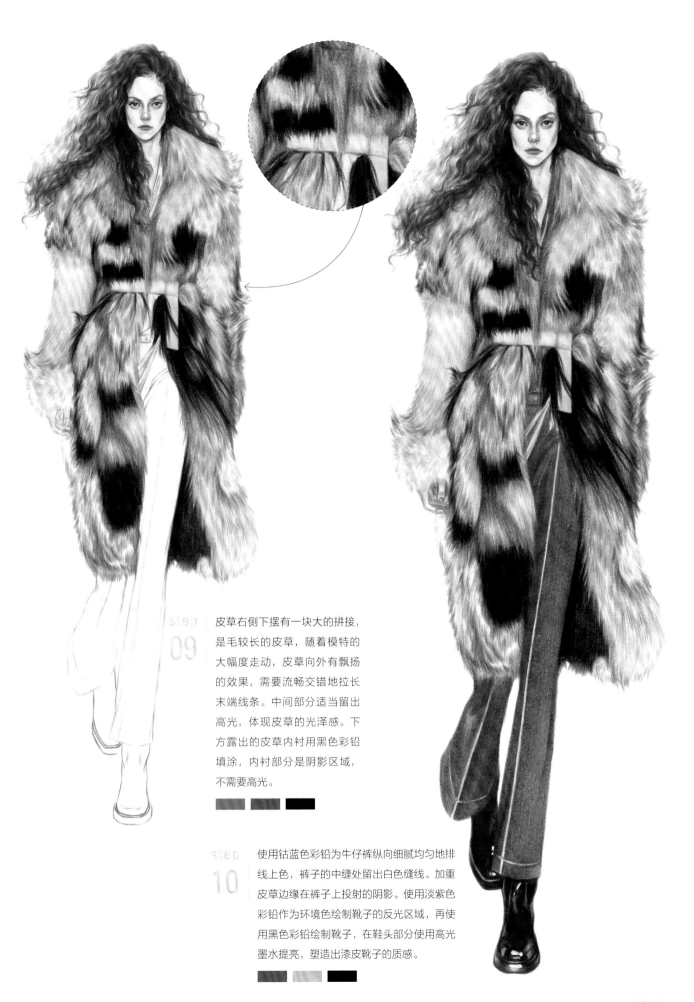

step
09

皮草右侧下摆有一块大的拼接，
是毛较长的皮草，随着模特的
大幅度走动，皮草向外有飘扬
的效果，需要流畅交错地拉长
末端线条。中间部分适当留出
高光，体现皮草的光泽感。下
方露出的皮草内衬用黑色彩铅
填涂，内衬部分是阴影区域，
不需要高光。

step
10

使用钴蓝色彩铅为牛仔裤纵向细腻均匀地排
线上色，裤子的中缝处留出白色缝线。加重
皮草边缘在裤子上投射的阴影。使用淡紫色
彩铅作为环境色绘制靴子的反光区域，再使
用黑色彩铅绘制靴子，在鞋头部分使用高光
墨水提亮，塑造出漆皮靴子的质感。

PVC 表现步骤详解

10

step
01
首先使用铅笔起稿，绘制出合理的模特T台动态。先将人物的四肢描绘出来，再画出 PVC 外套的轮廓及内部结构，PVC 面料的褶皱重叠处是透明可见内部具体结构的。要将线条规整好，耐心描绘大衣褶皱的走向。

step
02
使用棕红色及肤色彩铅勾画出人体裸露部分的线条，使用黑色彩铅勾勒模特发型及眉眼形状。再使用米色及棕色彩铅勾勒出连衣裙和 PVC 外套的线条。连衣裙面料柔软，绘制结构线条时把握转折的轻重变化，外套的结构夹角部分下笔重一些，长线部分下笔轻缓连贯。

使用肤色及淡粉色彩铅绘制人物皮肤，注意表现出五官的立体感。使用红棕色或赭石色彩铅加深眉弓、山根、鼻翼的阴影，下巴也使用赭石色彩铅轻轻勾勒出体现厚度的弧线。头部和脖子的交界处画出阴影区域，加深锁骨的线条，表现出身体结构的立体感。

使用棕色彩铅顺着发丝方向画出头发的第一层颜色，右侧可以添加一点棕红色的环境色。头顶中间区域留出一小圈高光，再使用黑色彩铅上第二层颜色，加重阴影，绘制出发丝线条。在高光区域也适当划过几缕线条，使高光形状更自然。

使用米色彩铅绘制连衣
裙，纵向排线，胸前挺
起部分及腿部向前伸的
区域涂色浅一些，表现
出面料撑起的部分受光
较强的效果。袖子部分
也正常涂色，后续再进
行叠色绘制外层面料。

使用米色及肤色彩铅加重连衣
裙的褶皱，绘制出连衣裙的质
感，再使用赭石色及棕色彩铅绘
制外套。注意此面料是褐色透明
PVC，面料本身有颜色，因此面
料重叠部分的颜色会根据重叠的
层数加深。没有褶皱的区域轻轻
薄涂，叠层多的区域加重颜色，
从而塑造出 PVC 的透视效果。

外套的袖子部分是廓形结构，
结合 PVC 面料的反光特性，袖
筒需要留出高光。使用赭石色
及橘色彩铅加深外套和连衣裙
袖子的包裹处，塑造出面料的
透明叠色效果。

整理画面，加重各阴影区域，混合淡紫色、
赭石色及肤色彩铅绘制PVC凉鞋的透明鞋带。
使用淡粉色及红棕色彩铅加深足部结构，将
脚趾精致地勾勒出来。

step
09

调整画面，将大衣的深色区域加重，在浅色区再添加一些环境色进去，丰富面料的反光效果。最后使用白色高光墨水点缀出 PVC 外套的高光，高光的形状要精致，随着衣服的褶皱凸起处合理分布。

第三章

马克笔表现不同
风格服装

都市白领风表现步骤详解

step
01

铅笔起稿后使用 copic 0.1
针管笔进行勾线，线条尽
量保持流畅顺滑。面料单
薄的区域可以下笔轻一
些，大衣领口、肩章及袖
口等精致且厚重的部分，
线条肯定要结实。

step
02

使用肤色的马克笔绘制皮肤底色，再使用
深一色号的肤色马克笔加深眉眼窝、鼻翼、
鼻底、下巴等五官阴影转折。使用蓝绿色
马克笔尖精细绘制眼珠，使用黑色纤维笔
勾画上眼线和睫毛，用橘色马克笔画出唇
部底色。加重衣服投在身体上的阴影，塑
造出层次感。

step
03

使用棕黄色马克笔为头发
着色，顺着发丝方向分区
域上色，头顶两侧留出狭
长的留白作为头发的高光。
再使用赭石色及棕色马克
笔加重颈部两侧头发的阴
影区域，以及头顶的发缝
线两侧。使用棕色纤维笔
加上一些单根的发丝，使
模特的头发看起来更丰盈。

step
04

使用淡卡其色马克笔绘制风
衣底色，再使用软头向上或
向下提笔的方式绘制，呈现
从深到浅的效果。笔触可以
顺着面料方向，中间适当留
白透气，随性地下笔。最后
加重领子及肩章的阴影。

step
05

使用藏蓝色马克笔填涂风衣下摆的装饰线条及边缘的色块，线条需要随着面料的转折画出相应的曲线，有褶皱处需要线条错开，体现褶皱的起伏。

step
06

使用淡黄色、雾霾蓝色、橘色、棕色、灰色等马克笔画出风衣下摆的印花。下摆的拼接面料是丝绸，因此印花颜色干净透亮，更容易表现面料质感，注意避免颜色重叠，使画面变脏。

使用偏灰的淡紫色马克笔画
白色连衣裙的阴影，留白多
一些，添加适当的笔触在面
料转折处即可。使用淡紫色
的马克笔小笔触代替纤维笔
画出褶皱效果，再使用肤色
及淡粉色马克笔填充连衣裙
中透视的长条区域。

使用比风衣上半截深一个色号的卡其
色马克笔绘制鞋子，顺着鞋面绑带的
走向填涂颜色，适当留白，体现面料
的凸起。第二遍上色加重阴影区域，
表现尖头鞋的厚度转折。

都市白领风范例

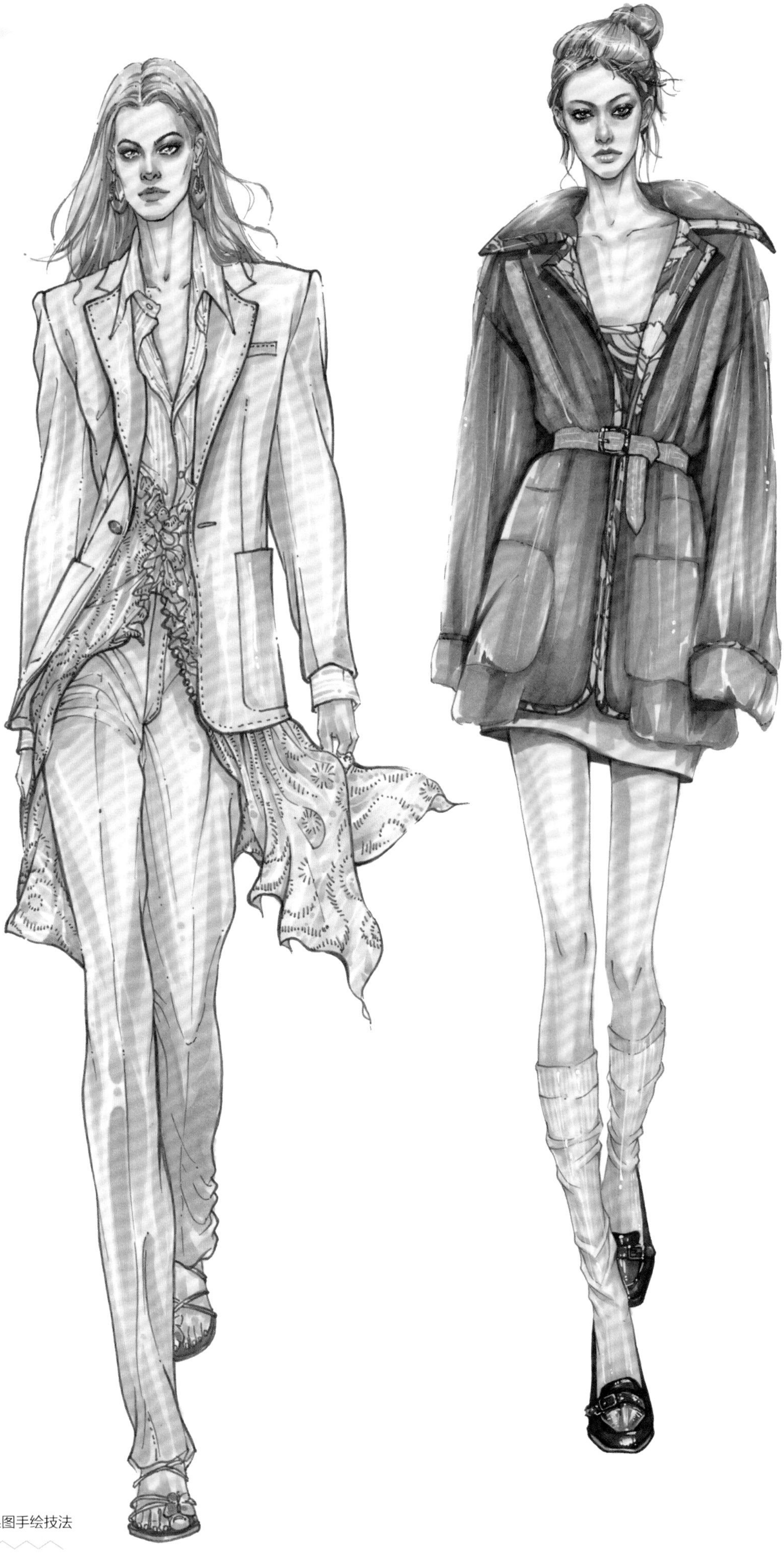

社交名媛风表现步骤详解

使用较浅色号的肤色马克笔绘制皮肤底色，再使用深一个色号的肤色马克笔绘制五官转折及身体阴影。使用深棕色勾线笔绘制模特的眉毛及眼线睫毛，用蓝绿色马克笔画出眼珠颜色，再使用淡紫色马克笔绘制眼影。选择类似豆沙色唇膏的马克笔对唇部进行上色，使用高光笔点缀上眼皮中间部位、鼻尖及下唇反光处。

用铅笔起稿，然后使用 0.3mm 针管笔对人物进行勾线，绘制模特露出的四肢要拉长线，准确顺滑地进行描线。连衣裙的外部轮廓线结实有力，大转折贴合人体结构表达服装款式的变化，小转折要精致地描绘出褶皱堆积处的结构。内部褶皱使用较轻的线条绘制。上半身面料贴身且挺括，所以褶皱线条较少，下半身褶皱需要围绕着大腿的动态进行绘制。

使用肉橘色马克笔画头发底
色，使用笔尖拉出卷曲自然
的碎发。再使用棕色马克笔
顺着发型的转折画一缕一缕
的弯曲发丝，中间适当留出
底色空隙，最后使用高光笔
在头顶区域顺着发丝的走向
拉很短很自然的小线条，表
现发丝的柔顺反光。

step
03

step
04

使用黑色马克笔填涂连衣裙
肩带及蝴蝶结，再使用偏灰
调的紫色马克笔绘制鳄鱼皮
纹路的腰带及手套。绘制鳄
鱼皮纹路时使用小方块的笔
触，间隔留出白色缝隙表现
纹路中的反光。

连衣裙面料是较特殊的
缎面，有细微的纵向波
光纹路。使用浅灰蓝色
马克笔软头一侧进行绘
制，纵向穿插的绘制宽
窄线条，中间空出大量
的留白间隙，显示面料
的光泽感。注意遇到面
料褶皱转折处，花纹也
要随着转折弯曲变形。

在连衣裙第一层的花纹
上色基础上加重颜色，
并且将裙子荷叶边下方
的阴影都画出来。加重
连衣裙下半身横向的褶
皱，塑造出裙摆面料的
立体感。同时通过加强
花纹与空隙颜色的对比
度表现连衣裙面料的波
纹光感。

使用玫粉色及粉色马克笔均
匀分布点缀出小碎花图案的
花朵部分。先用浅的粉色马
克笔点出小点，旁边重叠点
缀玫粉色，塑造出小碎花的
花瓣效果，再使用淡绿色和
草绿色两个色阶的绿色纤维
笔勾画出碎花的枝叶。用玫
粉色绘制高跟鞋，鞋面中央
留白作为反光。

使用玫粉色马克笔第二次加重鞋
子的颜色，加强鞋面饱和度及皮
面质感。整理画面，加强连衣裙
轮廓线条，刻画阴影小细节，将
整体的画面质感进一步提升。

复古优雅风表现步骤详解

step
01

铅笔起稿后使用 0.3mm 针管笔流畅勾线，再将铅笔线稿痕迹擦除。可以直接使用针管笔细细勾画出模特眉形，使用灰绿色马克笔画出眼珠底色。画鼻子时只勾画鼻头鼻底，鼻梁不用针管笔勾勒，等待后续使用马克笔上色。蝴蝶结及荷叶裙摆勾线要硬朗流畅，绘制内部的褶皱时笔触要轻一些，拉出长短不一的线条，线条末端变细收尾。

step
02

使用浅肤色马克笔绘制皮肤底色，而后使用深一色号的肤色马克笔勾画山根、眼窝、卧蚕、鼻翼、鼻底等部位阴影转折。耳朵相比面颊位置较为靠后，也需要加深阴影使其视觉效果向后靠。脸部在脖颈投下的阴影也需要绘制出来。用橘粉色马克笔填涂唇部，最后使用淡粉色马克笔顺着颧骨位置涂出腮红效果。

使用偏橘调的淡棕色马克笔打
底绘制头发。顺着发型转折方
向上色，再使用赭石色马克笔
绘制第二层颜色，通常绘制第
二层发色时使用的是间隔的线
条分区域上色，增加头发的层
次感且易于留出收光区域。最
后在头顶使用高光笔随着发丝
走向点缀高光。

使用米色马克笔绘制连衣裙底色，
连衣裙大面积铺色时使用大笔触，
但要尽量避免平铺颜色，笔触与笔
触间巧妙地留有细小的留白间隙，
这样画面看上去更加透气。

使用草绿色纤维笔细致勾画连衣裙
面料的条纹印花。先将条纹间隔均
匀地拉长线绘制出来，相邻的结构
区条纹走向趋于一致或呈现夹角。
条纹要根据面料的转折发生多样的
变化，观察蝴蝶结区域，线条随着
蝴蝶结的折叠凸起而形成弧形，从
而体现蝴蝶结的形状及面料的柔软
效果。其他区域同理。而后再在窄
窄的条纹间加上规则的小线段装饰，
丰富印花细节。

使用淡粉色马克笔均匀错落地点缀出
小圆点，而后使用玫粉色纤维笔在淡
粉色圆点上画出两个小点表现微小的
碎花印花，再使用绿色纤维笔点缀出
叶子的效果。为了最终画面的整体和
谐，在细微的装饰印花上我们需要概
括图形来进行绘制。最后使用橘粉色
纤维笔顺着绿色线条勾画收尾。

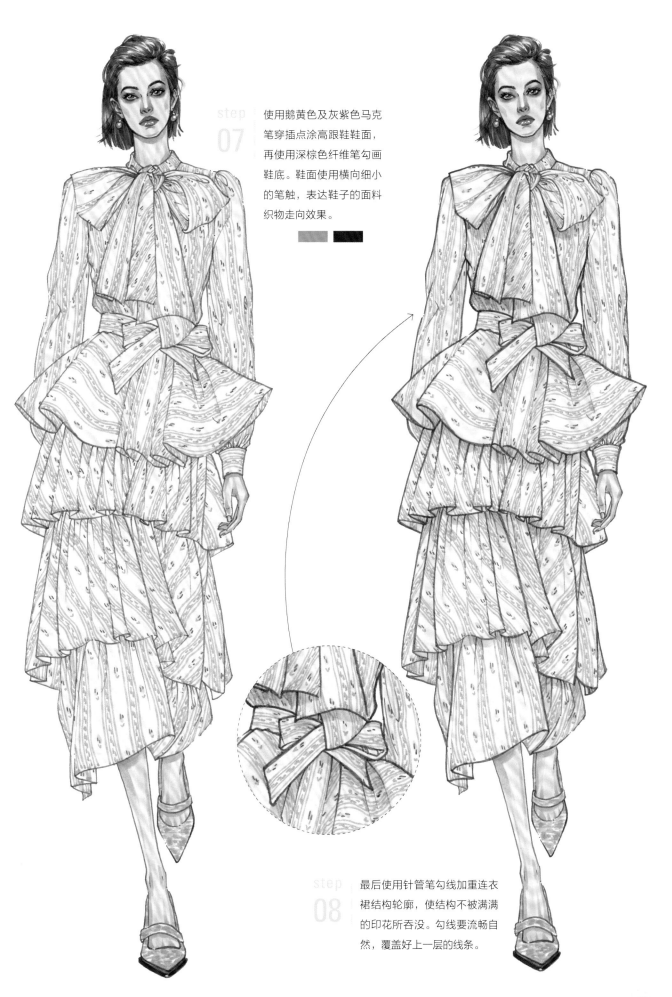

step
07

使用鹅黄色及灰紫色马克
笔穿插点涂高跟鞋鞋面，
再使用深棕色纤维笔勾画
鞋底。鞋面使用横向细小
的笔触，表达鞋子的面料
织物走向效果。

step
08

最后使用针管笔勾线加重连衣
裙结构轮廓，使结构不被满满
的印花所吞没。勾线要流畅自
然，覆盖好上一层的线条。

多元民族风表现步骤详解

step 01　首先用铅笔起稿，人物走动幅度较大，左侧胯部向外顶出，背包带的右侧肩膀扭动至高点。人物走姿要绘制流畅自然，再使用 0.3mm 针管笔勾线，将铅笔线稿擦除。

step 02　使用淡粉调的肤色马克笔绘制模特皮肤底色，而后使用深一色号的肤色马克笔加深模特眉心、山根、眼窝、鼻梁两侧、鼻底、颧骨阴影及颈部阴影，鼻梁自然留白做高光效果。使用湖蓝色马克笔绘制眼珠，橘色马克笔绘制唇部。用长笔触加深腿部两侧阴影，使腿部结构呈现圆柱的立体感，最后可以使用淡紫色或淡蓝色马克笔绘制一些小面积的阴影环境色。

step
03

使用偏肤色的淡橘色马克
笔绘制头发底色，头顶及
下端披发处适当留白做反光
效果。再使用偏灰调的橘红
色马克笔勾画第二层发丝颜
色，头顶留出较多的淡橘色
底色，脖颈两侧头发阴影区
加重。最后使用棕色纤维笔
勾画出一些发丝效果。

step
04

使用淡黄色马克笔平铺出衬衫裙底
色，用天蓝色纤维笔细细勾画出里
层的衬衫条纹。衬衫前片都是纵向
条纹，领子及袖口是横向条纹。使
用苹果绿马克笔填涂衬衫裙领口露
出的里侧颜色。

使用赭石色纤维笔勾画衬衫裙的线条装饰，不论横向还是纵向线条，都需要在有序排列的同时兼顾到褶皱对其方向转折的影响。再使用深灰色马克笔画出衬衫裙前襟的装饰线条。

使用深灰色马克笔画出衬衫线条中的线段装饰，用军绿色马克笔填涂腰带的皮革部分，再使用青绿色马克笔绘制衬衫条纹。裙摆装饰使用橘红色纤维笔勾画线框，用橘黄色马克笔填涂色块区域。人物服装色彩较多时，选择颜色需要注意大面积色块降低饱和度，使整体配色和谐清爽。

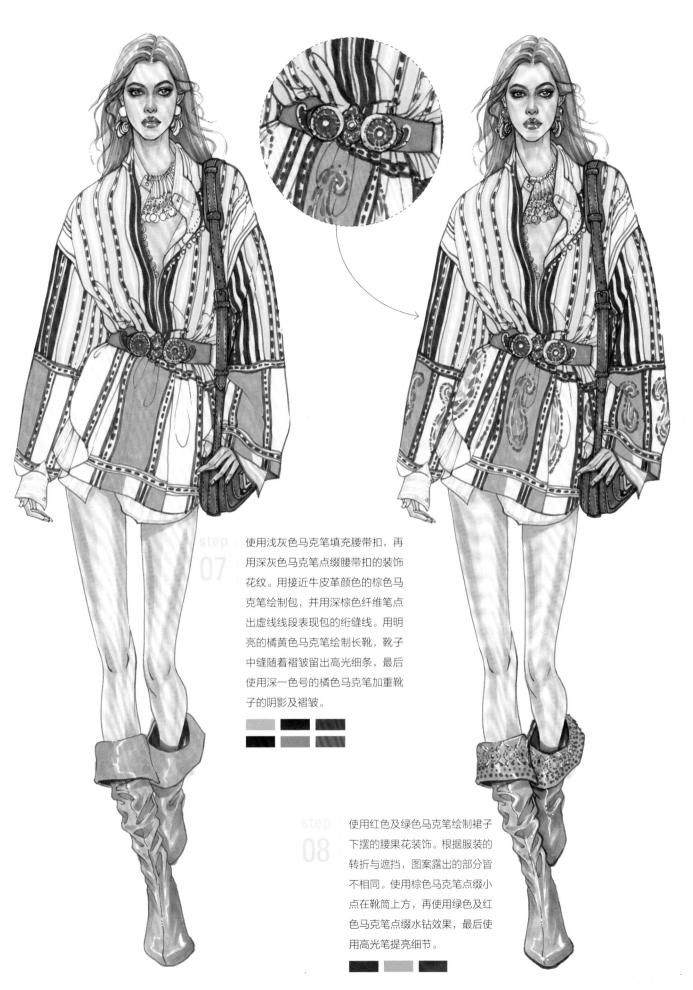

使用浅灰色马克笔填充腰带扣，再用深灰色马克笔点缀腰带扣的装饰花纹。用接近牛皮革颜色的棕色马克笔绘制包，并用深棕色纤维笔点出虚线线段表现包的绗缝线。用明亮的橘黄色马克笔绘制长靴，靴子中缝随着褶皱留出高光细条，最后使用深一色号的橘色马克笔加重靴子的阴影及褶皱。

使用红色及绿色马克笔绘制裙子下摆的腰果花装饰。根据服装的转折与遮挡，图案露出的部分皆不相同。使用棕色马克笔点缀小点在靴筒上方，再使用绿色及红色马克笔点缀水钻效果，最后使用高光笔提亮细节。

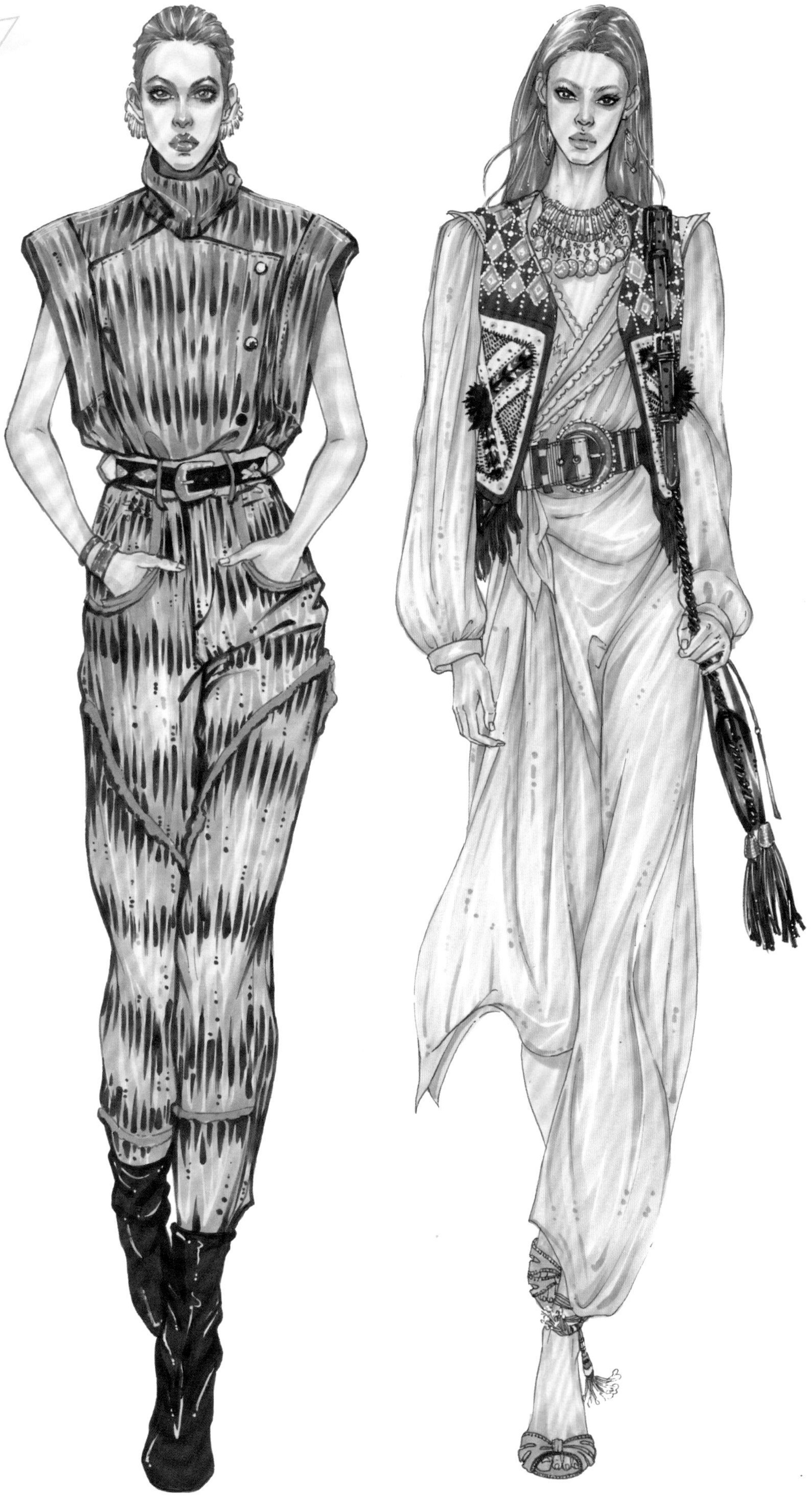

立体剪裁风表现步骤详解

step
02

使用浅肤色马克笔绘制模特皮肤底色，使用偏粉调的肤色马克笔加深五官轮廓。使用勾线笔直接刻画眉眼形态，用偏灰的蓝绿色马克笔画出眼珠，使用玫粉色马克笔绘制唇部。加强鼻梁、鼻翼、鼻底三处阴影，使用高光笔点亮鼻尖受光最强处，脸颊阴影使用淡粉色马克笔绘制。

step
01

铅笔起稿后使用 0.3mm 针管笔勾线。颈部装饰需要精细刻画圆环的结构。上身的长袖打底面料较薄，并设计了大量均匀堆积的褶皱，需要将内部结构与轮廓联系在一起勾画，用清晰的身体轮廓线表现出模特纤细的胳膊以及面料的贴合。因为胸衣的面料挺阔，所以绘制线条要硬朗，并且将纫缝线画出表现面料厚度。下半身立体剪裁部分需要整理好装饰裙片的前后遮挡关系，结构轮廓流畅柔软但线条清晰，内部褶皱可以断线用小点丰富效果。

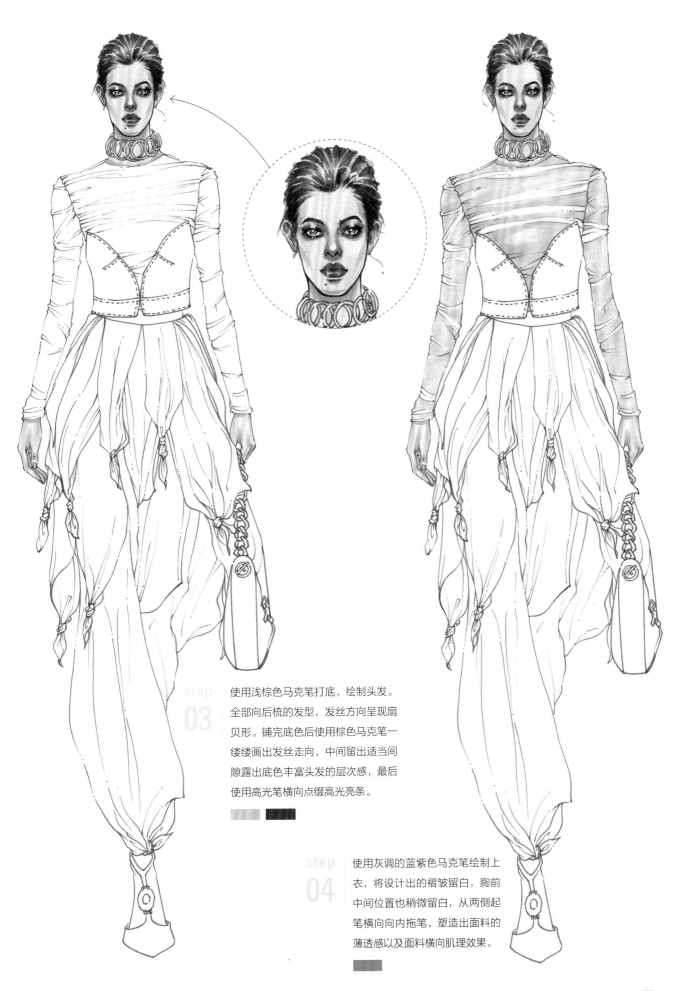

使用浅棕色马克笔打底，绘制头发。
全部向后梳的发型，发丝方向呈现扇
贝形。铺完底色后使用棕色马克笔一
缕缕画出发丝走向，中间留出适当间
隙露出底色丰富头发的层次感，最后
使用高光笔横向点缀高光亮条。

使用灰调的蓝紫色马克笔绘制上
衣，将设计出的褶皱留白，胸前
中间位置也稍微留白，从两侧起
笔横向向内拖笔，塑造出面料的
薄透感以及面料横向肌理效果。

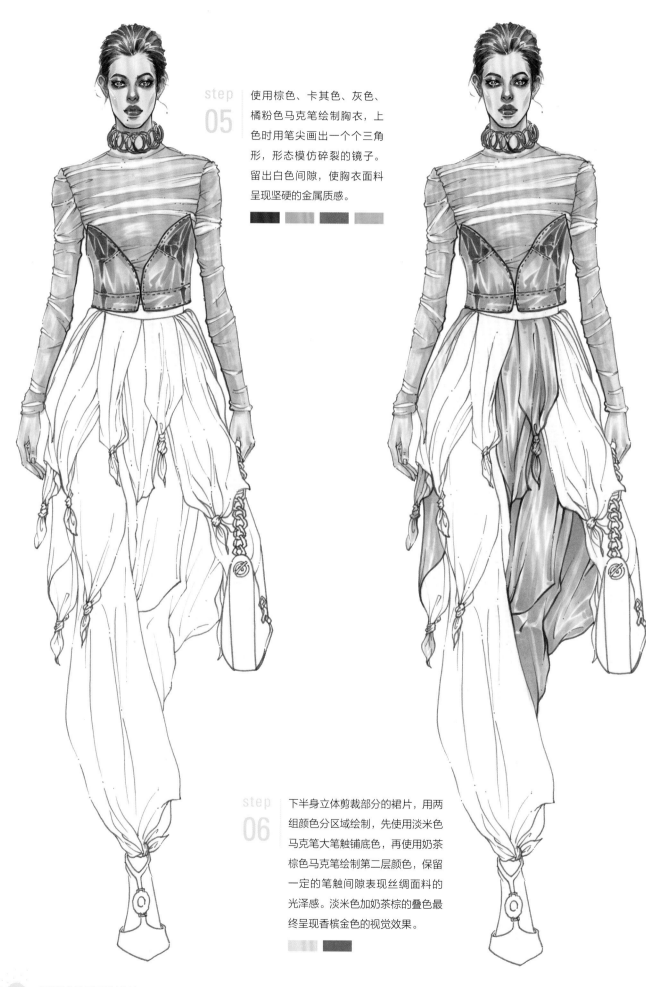

step 05

使用棕色、卡其色、灰色、橘粉色马克笔绘制胸衣，上色时用笔尖画出一个个三角形，形态模仿碎裂的镜子。留出白色间隙，使胸衣面料呈现坚硬的金属质感。

step 06

下半身立体剪裁部分的裙片，用两组颜色分区域绘制，先使用淡米色马克笔大笔触铺底色，再使用奶茶棕色马克笔绘制第二层颜色，保留一定的笔触间隙表现丝绸面料的光泽感。淡米色加奶茶棕的叠色最终呈现香槟金色的视觉效果。

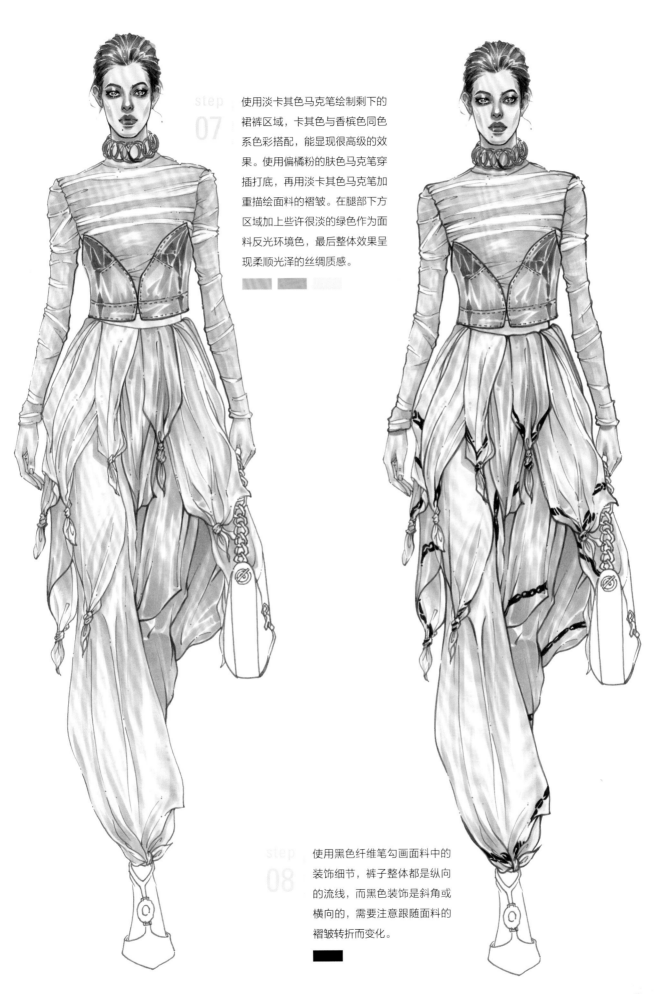

使用淡卡其色马克笔绘制剩下的
裙裤区域，卡其色与香槟色同色
系色彩搭配，能显现很高级的效
果。使用偏橘粉的肤色马克笔穿
插打底，再用淡卡其色马克笔加
重描绘面料的褶皱。在腿部下方
区域加上些许很淡的绿色作为面
料反光环境色，最后整体效果呈
现柔顺光泽的丝绸质感。

使用黑色纤维笔勾画面料中的
装饰细节，裤子整体都是纵向
的流线，而黑色装饰是斜角或
横向的，需要注意跟随面料的
褶皱转折而变化。

使用酒红色马克笔绘制手袋，因为下半身剪裁复杂，因此处于画面下方的包尽量简洁塑造，切勿堆砌装饰。而后使用肤色加棕色及紫色马克笔叠加出穿着黑丝袜的脚面部分，丝袜因为透肉所以不直接使用黑色绘制。最后使用黑色画出尖头鞋面，使用赭石色、橘色、淡紫色马克笔点缀脚面的装饰金属，用高光笔点亮鞋面高光收尾。

第四章

水彩表现多种
时装款式

连衣裙表现步骤详解

step 01
首先使用铅笔起稿，下笔轻且尽量一次成型少擦改，避免水彩纸出现脱胶情况。连衣裙的袖子类似羊腿袖结构，要画出宽于本身形体的廓型效果。

step 02
使用肤色颜料调和少量玫红色颜料加大量清水混合调出自然的皮肤底色，快速均匀上色。待第一次底色干透后加重五官及颈部阴影。使用肤色颜料调和玫红色颜料加清水后加重腮红部分，塑造出模特面颊的红晕以及颧骨的形态。使用 0 或 00 号最细的勾线笔绘制眼部，眼眶、眼皮使用肤色颜料调和赭石色颜料，眼珠调和橄榄绿色与蓝色颜料绘制。头发第一层颜色使用土黄色加少量棕色颜料，调出金发底色。注意绘制金发时不可以用柠檬黄等饱和度很高且亮的颜色，因为实际上的金发是饱和度偏低的淡金色，有时会掺杂棕色，如果用柠檬黄绘制头发会过于卡通。待第一次底色干透后，使用 1 号较细的笔调和棕色颜料进行发丝走向的绘制，头顶两侧留出适当光圈留白，面部下端及脖子两侧加重阴影，拉开披发与面部的前后空间。

step
04

上色分区域完成可避免颜色流淌过线，使用上一步骤的同样方法绘制裙摆。褶皱留白如果不明显，可以在颜料未完全干透时使用干净干燥的小号笔在颜料区域拖笔，吸走多余颜料，形成白色光条。

step
03

水彩绘制丝绒面料时，要注意水分及上色速度两方面的把握。丝绒面料有稍弱于丝绸的微微光感，与绘制丝绸的相同之处在于要表现出柔顺质感。绘制丝绒连衣裙需要先调和出图中的亮蓝色，从左边袖子开始分区域上色，调色盘中一部分蓝色颜料加较多清水使颜色变淡，另一部分颜料保持较高的浓度。使用淡的颜料填涂第一层底色，待底色半干在纸面呈现雾面效果时，笔头迅速蘸取浓郁的蓝色颜料在褶皱及阴影区域拖笔，浓郁的颜料会在半干的区域小范围扩散，呈现自然的晕染效果。（此处不可在水量过多时急于晕染，纸面上大量的水会使颜色大面积扩散开，无法形成褶皱形态。）

使用上一步骤同样的上色方式绘制余下的腰带、袖子及鞋子部分。调和深一个色阶的蓝色颜料加重连衣裙的阴影及褶皱起伏大的区域，加强连衣裙面料的立体感。前脚的凉鞋绘制出细节，后脚只填涂一层颜色简单处理，前后脚分别用精细与概括的方式绘制可以起到拉伸空间的效果。

半身裙表现步骤详解

step
01

step 01 首先使用铅笔绘制出模特自然的走姿，发型简洁的头部需要将面部轮廓及五官更加精致地刻画。上半身的西装领口被里侧较长的衬衫飘带遮盖大部分，需要准确地画出两层服装的遮挡关系。

step 02 先用米色和藏蓝色彩铅为服装勾线，再使用肤色颜料和少量玫红色颜料调和出偏粉调的颜色绘制模特皮肤。绘制脸部区域时多加清水稀释颜料，使面部颜色透亮一些，在皮肤色调的基础上调和少量赭石色颜料勾画五官阴影，加深轮廓转折。用深蓝色颜料加清水稀释后绘制眼珠，使用淡棕色颜料绘制眉毛及眼眶细节。使用棕色、肤色及少量玫红色调和出偏粉调的栗色颜料画出头发第一层底色，等待底色干透后可使用棕色彩铅绘制发丝细节，留出空隙露出底色，表现头发的自然反光。最后蘸取鲜红色颜料加少许清水绘制唇部，亚光效果的唇面不需要再点缀高光。

西装及半身裙的原色是卡其色系，我们绘制简单款式加单一颜色时可以加入大量的灰调环境色，丰富面料的效果。西装底色蘸取棕色、淡紫色及赭石色颜料绘制。半身裙用大量清水稀释棕色颜料得到米色效果，铺第一层颜色，使用大笔触铺色的同时留出间距不等的空白间隙，而后再添加稀释淡的紫色，增添裙摆的面料厚重感。

外套第二层绘制，加重原本的颜色，再用小笔触添加紫色调及橘粉色调的环境色，丰富外套的光泽效果。等待外套部分干透颜料不再晕开后，使用藏蓝色绘制里侧衬衫，飘带及前襟部分蘸取较浓的颜料绘制深色区域，领子向后转折受光较强的区域加少量清水过渡晕开，形成受光的效果。衬衫面料中的蕾丝条拼接部分是透视的效果，需要一开始同外套一起上色，最后使用0号勾线笔蘸取藏蓝色颜料点缀出细碎的花纹效果来表现薄透的蕾丝面料。

绘制褶皱半身裙，首先使用棕
色及卡其色调彩铅加重结构线
及两腿交错处较深的面料沟壑
转折。然后调和出薰衣草紫色、
灰粉色、裸色等莫兰迪色系的
淡色，笔触纵向绘制，灵活自
由地为裙摆添加环境色，最后
再用同色系彩铅画出小线段，
增加面料的麻质感。

使用 0 号或 1 号勾线笔蘸
取紫色及深灰色颜料，加
大量清水调和出带紫调的
淡灰色绘制手镯，而后使
用高光墨水点亮受光处。
再使用棕色颜料绘制短靴，
鞋带部分及皮革边缘二次
加重，绘制出厚度效果。

整理画面，给靴子添加淡紫色的环境色。最后绘制
靴子表面晕染，烘托画面氛围及添加趣味性。在想
要晕染的空白区域铺上清水，待清水稍稍干一点呈
现雾面时，使用较大的笔蘸取颜料快速拖笔铺色，
可以再用笔蘸清水滴在晕染处，形成水痕效果。

03 礼服表现步骤详解

step
02

调和肤色和玫红色颜料加
大量清水均匀绘制皮肤底
色，再添加少量赭石色颜
料使用小号笔绘制五官及
颈部结构阴影，加强面部
立体感。调和蓝色及绿色
颜料绘制眼珠，等待眼珠
部分干透再使用0号勾线
笔蘸取黑色颜料绘制睫毛
及眼线部分。

step
01

首先用铅笔起稿，绘制流畅的模特走姿，礼服的款
式展露形体较明显，需要调整好人物身形线条及手
臂自然垂落摆动的效果。礼服层层叠叠的薄纱裙摆
需要拉长线交错分组绘制，避免画面杂乱无序。

step 03 调和棕色及黄色颜料绘制头发底色，等待底色干透后可使用棕色彩铅加深头发发丝效果，使用赭石色和棕色彩铅穿插绘制，再使用橡皮擦出几条高光区域。

step 04 调和中蓝色颜料绘制帽子的底色，待上色区域半干呈现雾面效果时，蘸取藏蓝色颜料晕染加深帽子的阴影褶皱，画面干透后使用白色高光墨水提亮顶部及受光强烈的凸起处，塑造出帽子的立体感。上半身使用紫红色颜料绘制裙子透肉的薄纱面料。

下半身裙摆使用淡紫色、肤色、蓝色颜料晕染绘制，第一层铺色不要刻画细节。上半身底色干透后再使用肉色混合淡紫色颜料铺第二层颜色，待颜色半干时在吊带的边缘慢慢晕染进黑色颜料，表现裙子的黑纱效果。最后调和浓度较高的黑色颜料填涂裙摆里面模特的黑色打底裤。

混合烟灰色、紫色颜料再次晕染裙摆，干透后使用黑色彩铅拉长线加重褶皱边缘。使用小号笔蘸取黑色颜料拉细长线交错画出上半身纱网面料的镂空效果，再使用高光墨水点在腰线上方的放射状装饰上，绘制出亮片反光效果。使用清水稀释高光墨水，绘制出连衣裙上的圆形图案。

step
07
混合蓝色、紫色及黑色颜料加深裙摆颜色，使用中号笔蘸取颜色，纱叠层较多的区域颜色绘制深一些，纱薄透区域上一层至两层颜色即可，表现面料的清透效果。腿部中间褶皱堆积较多，添加黑色颜料调和绘制深色，空隙间露出部分肤色，表现裙摆厚重与轻薄的层叠效果。

step
08
最后使用清水调和稀释白色颜料，用小号笔绘制出裙摆上的圆形印花。注意印花要顺着面料的走势画，面料层叠遮挡部分的印花要根据情况画出缺口，表现遮挡关系。

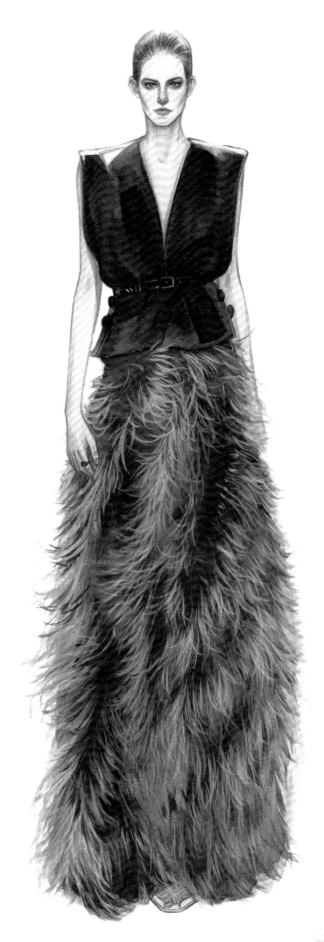

04 西装表现步骤详解

step 02

使用肉色颜料加较多的清水绘制人物皮肤底色，待底色 80% 干燥的状态时使用小号笔蘸取更多颜料加深面部轮廓及五官阴影转折。使用淡粉色颜料绘制唇部底色。

step 01

首先用铅笔起稿。绘制简洁大气的西装套装时，要将人体动态把握得流畅自然，左下方的包袋流苏装饰面积较大，整体人物在画面布局中可以稍微向右一些，使整体空间和谐舒适。西装的肩部有垫肩设计，绘制时要比本身形体宽阔且线条坚挺。阔腿裤的绘制需要保留腿部的整体走向，但较为宽松，不需要画出包裹腿型的线条，褶皱堆积主要在脚踝位置，裤脚稍宽于大腿部分。

step 03

在绘制皮肤的颜料中再加入少量赭石色加深轮廓阴影，将下颌在脖子的投影绘制出干净的形状。使用 0 号勾线笔蘸取祖母绿色颜料绘制眼珠，使用棕色颜料绘制精致的眉形。唇部再使用饱和度较低的橘粉色颜料加深上唇及下唇边缘厚度。

step 04

蘸取玫粉色颜料调和清水绘制头发的环境色反光，待粉色干透后再调和棕色及土黄色颜料绘制头发，绘制全部向后梳的发型时发丝方向呈放射型，类似扇贝纹路。留出粉色高光区域，剩下的部分适当留出发丝间隙，加强发丝的质感。

使用 00 号勾线笔蘸取棕色颜料，精细地进行第三层发丝描绘。发际线中央区域切勿过分整齐，绘制出发际线的错落效果，使发型与面部的结合更自然和谐。唇部颜色调和进少量棕红色颜料，加深唇部颜色，塑造出唇部的厚度以及亚光唇面效果。

step
06

调和枣红色颜料加清水稀释，使用大笔快速铺出西装整体的底色，上衣肩部可以小面积留白制造画面透气的效果。翻驳领的部分要二次上色，确保形状勾勒明确。

第二层上色，使用小号平头刷绘制，快速地拖出起始点是矩形的笔触，使上色的效果更具有艺术感，代入对画面小小的创造性思考。待第二层颜色干透后，使用小号勾线笔蘸取较浓的枣红色颜料，勾出西装的轮廓线及内部结构线，加粗加重领口、兜部、下摆边缘的线条，塑造出西装面料的笔挺厚实感。

使用与西装外套同样的上色方式绘制阔腿西裤。前腿部分在快速涂色后，使用干净干燥的毛笔在裤子中缝即腿部中间受光处拖笔，吸走这一区域的颜料，留出自然过渡的留白，再蘸取较浓的枣红色颜料加深后侧小腿的颜色，拉开前后腿的空间关系。等待第二层铺色干透后，使用枣红色或棕红色彩铅勾勒加强裤子的褶皱线条，轮廓使用长线，褶皱转折使用柔和的转折线，再用轻轻绘制的短线排线加强褶皱阴影区域，从而塑造出柔顺摆动的西装裤腿效果。

待人物主体绘制完成后，使用调色盘中剩余的颜料绘制与套装同色的包袋。绘制包的结构时，为各个面上两层色，包袋的油边留出一层淡淡的底色细条，表现边缘的受光效果。绘制流苏部分时，先在外轮廓之内整体铺色，待底色干透后，再用小号笔单根塑造流苏条，调和白色混合枣红色颜料，绘制处于画面最前端的部分流苏条，从而拉开空间关系。使用 0 号勾线笔蘸取棕黄色颜料绘制包袋手提链条，链条左侧边缘设计留白效果，在画面中与右上角的肩部留白作对角呼应。最后使用深棕色颜料加强链条的阴影区域，绘制出链条的金属感。完成整体画面绘制。

05 夹克表现步骤详解

step 01

首先用铅笔起稿，把握好模特的比例动态，再根据模特的动作绘制外套。抱着手袋的一边手肘处褶皱会大量挤压堆积，绘制褶皱时外轮廓需要表现出面料的厚实，转折弧度较钝。领子的皮草部分围绕颈部绘制，领子后侧高点与耳环底边重合。皮草领较厚，和肩部衔接要有落差，肩部向外延伸较宽，遮盖了袖山的部分。

step 02

蘸取肤色及少量玫粉色颜料混合大量清水调和出偏粉调的肤色，均匀填涂皮肤底色。待面部颜色半干呈现雾状时，两颊晕染少量非常淡的紫色，使用肤色再次加深五官阴影及面部轮廓，强调鼻翼。待皮肤部分干透后，使用 0 号勾线笔蘸取棕色颜料绘制眉毛眼眶，再调和宝石蓝色颜料绘制眼珠，最后使用玫瑰粉色颜料绘制唇部底色。

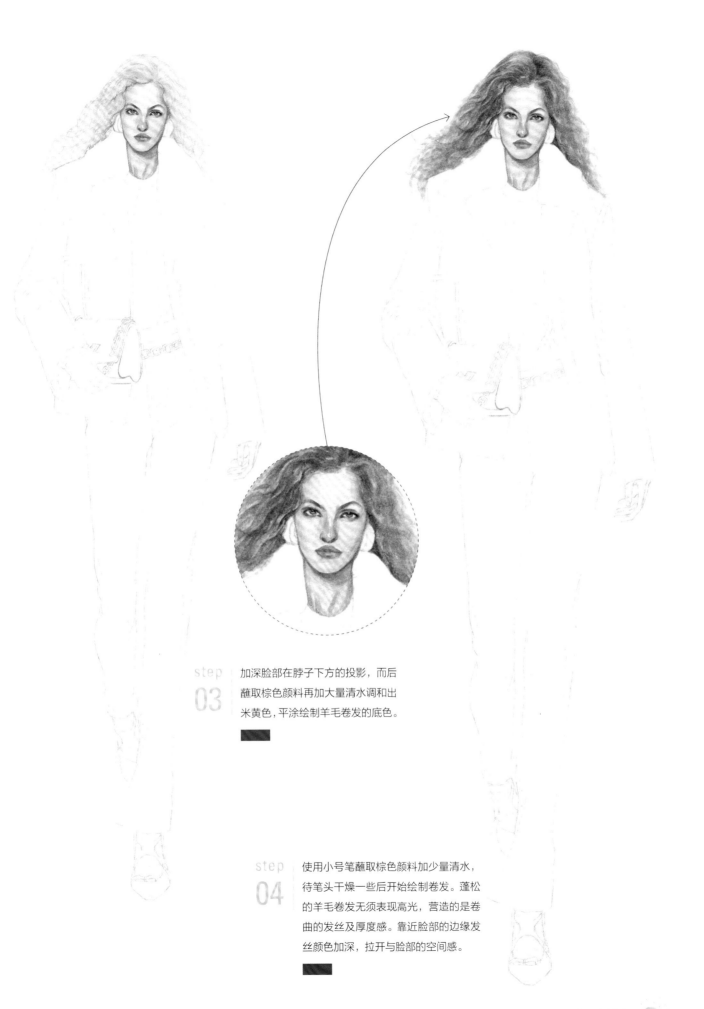

step
03

加深脸部在脖子下方的投影，而后蘸取棕色颜料再加大量清水调和出米黄色，平涂绘制羊毛卷发的底色。

step
04

使用小号笔蘸取棕色颜料加少量清水，待笔头干燥一些后开始绘制卷发。蓬松的羊毛卷发无须表现高光，营造的是卷曲的发丝及厚度感。靠近脸部的边缘发丝颜色加深，拉开与脸部的空间感。

step 05

使用 00 号勾线笔分别蘸取天蓝色和玫粉色颜料画出眼妆的上扬线条，再换一支中号笔蘸取中黄色颜料混合少量清水绘制毛领，第一层颜色干透后再用笔尖画出细碎的小笔触，塑造毛领的皮草质感。使用棕色颜料调和大量清水稀释成米色绘制外套翻领部分，再使用淡灰色、淡黄色及卡其色颜料依次填涂里侧毛衫的菱格图案，等待浅色都干透后，最后蘸取黑色颜料绘制胸口的黑色菱格及毛衫下边缘。

step 06

使用赭石色和酒红色颜料调出图中外套颜色，笔头水分适中时迅速上色。在颜色湿润时使用另一支干燥干净的毛笔拖笔吸走高光区域的颜料，做出面料的反光效果。右侧上臂使用了留白的绘画方式，让画面更加透气。

step
08

使用葡萄紫色颜料绘制长裤，第一层底色水量多一些，将左右两侧裤腿一起快速上色。而后蘸取更浓的颜料在笔头，将左侧的胯部及右腿的整个裤管晕染加深，左侧由上至下呈现从深到浅的晕染过渡效果。

step
07

蘸取黑色颜料绘制包袋的边缘线及皮质手套，手套部分干透后使用白色彩铅提亮手指的微微反光，塑造出皮革质感。再稀释黑色颜料得出灰色，用 00 号勾线笔绘制出包袋的锁链，注意包和手之间的空间关系。

加重胯部的堆积褶皱，将左腿的大
腿两侧加深向中间过渡。左侧小腿
部分使用淡紫色颜料晕染，丰富环
境色效果。再使用藏蓝色颜料绘制
尖头鞋，鞋子两侧留出高光条，表
现漆皮质感。

待颜色干透后使用白色彩
铅提亮腿部中间的受光区
域，最后使用白色高光墨
水点出参差错落的白色光
点，表现长裤的亮片面料。

外套表现步骤详解

首先用铅笔起稿。绘制手部插兜的走姿人物时，先将人体线稿绘制成型，手部可以只绘制大体形状即可，重点需要把握手肘的弯曲与透视，让手部顺着小臂自然地落在双侧兜部的位置。人物头部稍稍向右斜，短发顺着头部的倾斜而自然拂动。上衣是短款小洋装外套，款式结构较为简洁。

使用肤色加少量玫红色颜料及大量清水调和绘制皮肤底色，待底色未完全干透时使用淡粉色颜料晕染面颊，当第一层颜色干透后再使用小号勾线笔加深五官、面部轮廓以及脖子上的阴影区域。

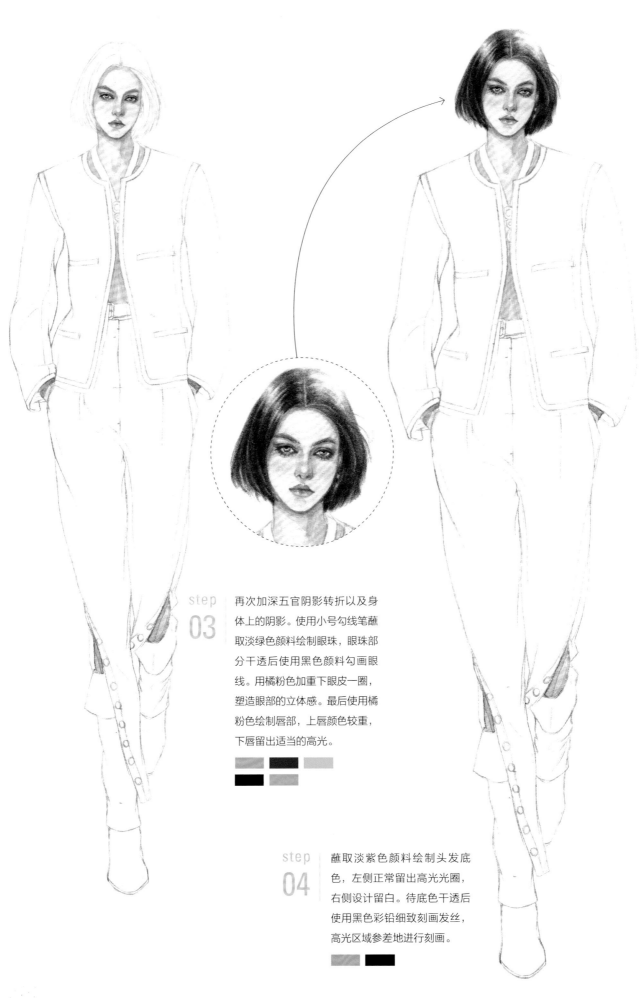

step **03**　再次加深五官阴影转折以及身体上的阴影。使用小号勾线笔蘸取淡绿色颜料绘制眼珠，眼珠部分干透后使用黑色颜料勾画眼线。用橘粉色加重下眼皮一圈，塑造眼部的立体感。最后使用橘粉色绘制唇部，上唇颜色较重，下唇留出适当的高光。

step **04**　蘸取淡紫色颜料绘制头发底色，左侧正常留出高光光圈，右侧设计留白。待底色干透后使用黑色彩铅细致刻画发丝，高光区域参差地进行刻画。

蘸取棕色颜料混合大量清水稀
释，调和出米色，使用扁头毛
刷绘制外套底色，大笔触上色，
间隙留白。

使用大号毛笔蘸取咖色颜料绘
制裤子及靴子的第一层底色，
再使用黑色颜料加重裤子的颜
色，在后方的一侧腿部适当留
白，给画面增添趣味性。

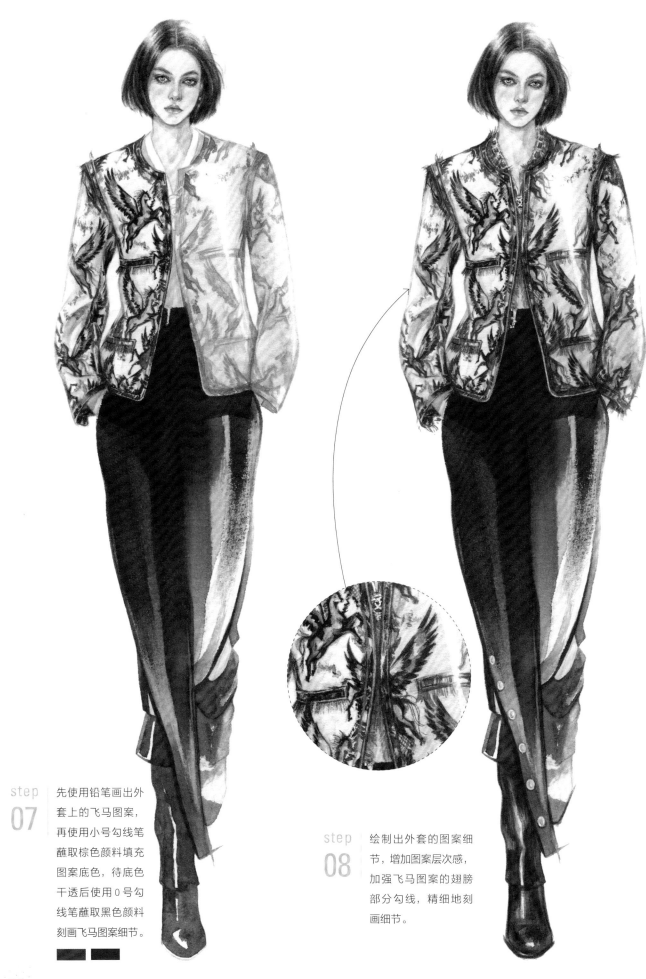

先使用铅笔画出外
套上的飞马图案，
再使用小号勾线笔
蘸取棕色颜料填充
图案底色，待底色
干透后使用0号勾
线笔蘸取黑色颜料
刻画飞马图案细节。

step
07
先使用铅笔画出外
套上的飞马图案，
再使用小号勾线笔
蘸取棕色颜料填充
图案底色，待底色
干透后使用0号勾
线笔蘸取黑色颜料
刻画飞马图案细节。

step
08
绘制出外套的图案细
节，增加图案层次感，
加强飞马图案的翅膀
部分勾线，精细地刻
画细节。

裤装表现步骤详解

step
02

用肤色与少量玫红色颜料调出偏粉调的肤色，绘制人物皮肤。底色干透后加重面部轮廓及鼻子两侧，留出鼻梁高光。使用橄榄绿色颜料绘制眼珠，用0号勾线笔蘸取赭石色颜料勾画人物双眼皮褶皱及眼眶。

step
01

首先用铅笔起稿绘制出基础的人体动态结构，人物的头部向左倾斜较明显。左侧发量大且包袋也在左侧，因此可以将人物位置安排在中央偏右一点。上衣的吊带马甲下摆翘起弧度很大，宽度宽出胯部很多，需要将裤子裆部及胯部的位置提前绘制清楚，再绘制包裹在裤子外侧的上衣下摆。裤子重点塑造膝盖部分的褶皱，裤子面料较厚，膝盖处顶出上下连接都有褶皱产生，褶皱从膝盖骨外部一圈起始，注意绘制时处理好褶皱间的位置关系。

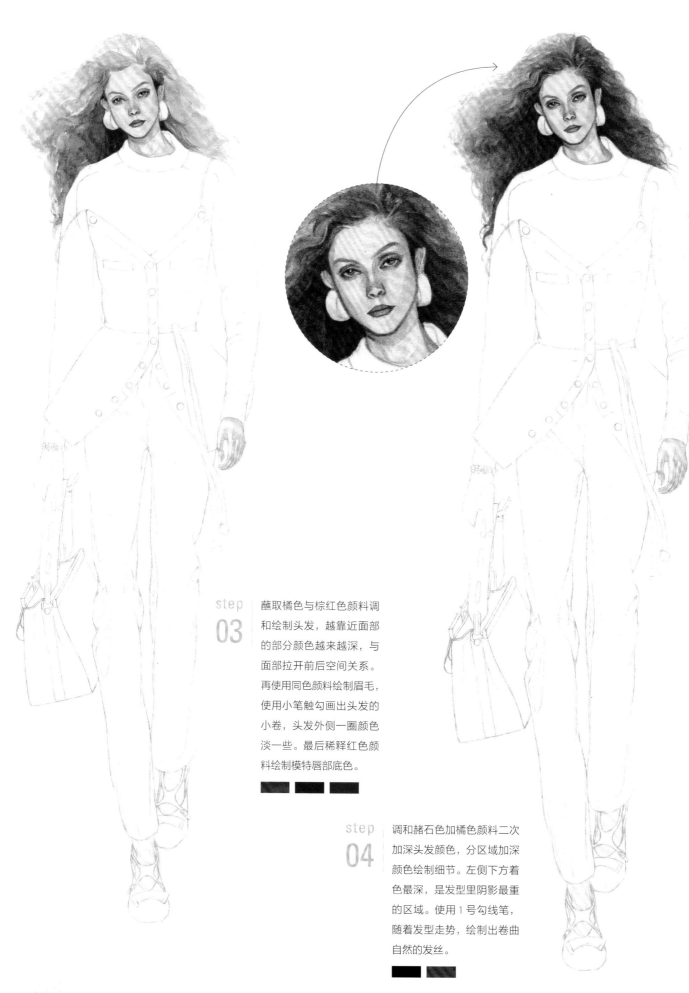

step 03 蘸取橘色与棕红色颜料调和绘制头发，越靠近面部的部分颜色越来越深，与面部拉开前后空间关系。再使用同色颜料绘制眉毛，使用小笔触勾画出头发的小卷，头发外侧一圈颜色淡一些。最后稀释红色颜料绘制模特唇部底色。

step 04 调和赭石色加橘色颜料二次加深头发颜色，分区域加深颜色绘制细节。左侧下方着色最深，是发型里阴影最重的区域。使用1号勾线笔，随着发型走势，绘制出卷曲自然的发丝。

step
05

绘制耳环配饰选择土黄色颜料
涂底色，留出边缘的高光，底
色干透后蘸取深棕色颜料画出
金属耳环的环境映射区域，还
可加入一点发色进去。而后用
中号毛笔蘸取灰色颜料绘制高
领打底衫，留出褶皱凸起处的
高光。

step
06

稀释中蓝色颜料绘制
马甲，左侧边缘留出
高光。用土黄色颜料
填涂纽扣底色，干透
后蘸取黑色绘制马甲
边缘装饰。

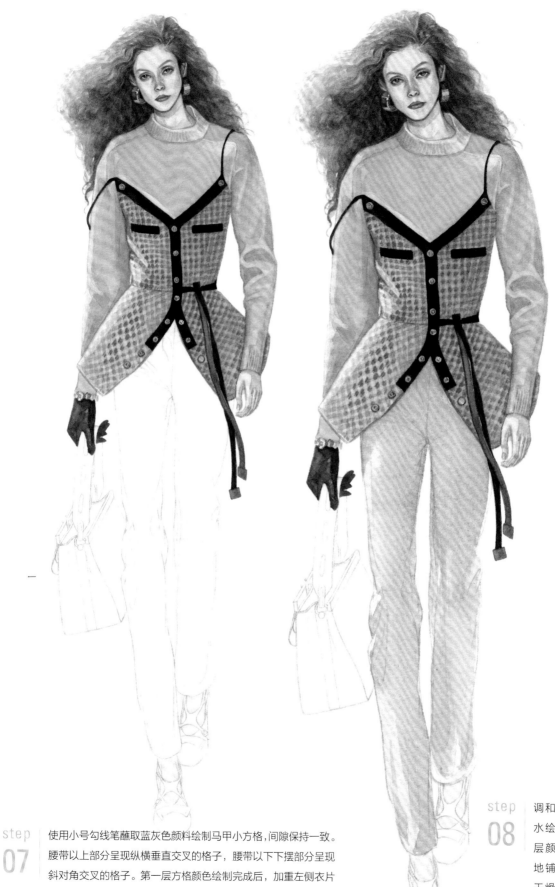

step
07
使用小号勾线笔蘸取蓝灰色颜料绘制马甲小方格,间隙保持一致。
腰带以上部分呈现纵横垂直交叉的格子,腰带以下下摆部分呈现
斜对角交叉的格子。第一层方格颜色绘制完成后,加重左侧衣片
中部的格子及右侧衣片的格子,塑造出面料受光面的过渡转折。

step
08
调和中黄色颜料加
水绘制裤装的第一
层颜色,快速均匀
地铺色之后,使用
干燥干净的笔吸走
画面中受光区域的
颜料,形成亮面。

在调色盘中已有的黄色
颜料中加入土黄色颜
料，加深裤子的阴影面，
再使用小号笔加重褶皱
区域。

使用藏蓝色颜料绘制鞋带与
部分鞋面，鞋底使用深棕色颜
料绘制。用土黄色颜料给鞋面
金属装饰打底，待第一层颜色
干透后，使用小号勾线笔蘸取
深棕色颜料勾勒出金属装饰
的阴影区域。最后在鞋面间隔
均匀地点上波点印花。

用中号笔蘸取淡米黄色颜料均匀填涂包袋,待底色干透后再加深内袋的阴影及包侧的褶皱。使用勾线笔蘸取深棕色颜料勾勒包袋的油边线,最终完成绘制。

裤装范例

附录

服装设计效果图手绘临摹范例